Richard Moritz

Die Geheimnisse der Elektromagnetischen Welle

GRIN Verlag

Bibliografische Information der Deutschen Nationalbibliothek:

Die Deutsche Bibliothek verzeichnet diese Publikation in der Deutschen Nationalbibliografie; detaillierte bibliografische Daten sind im Internet über http://dnb.d-nb.de/ abrufbar.

Impressum:

Druck und Bindung: Books on Demand GmbH, Norderstedt Germany
ISBN: 978-3-656-45597-4

Dieses Buch bei GRIN:

http://www.grin.com/de/e-book/229695/die-geheimnisse-der-elektromagnetischen-welle

Richard Moritz

Die Geheimnisse der Elektromagnetischen Welle

Widmung:

Dieses Buch ist allen jenen gewidmet, die das Wissen über die Gesetze der Elektrizität und der EMW erarbeiteten und damit die Vorarbeit zu diesem Werk lieferten. Im Besonderen sind zu nennen:

James Clark Maxwell

Max Planck

Albert Einstein

Isaak Newton

Inhalt:

Vorwort

Dieses Buch ist die erste konkrete Anwendung der Theorie der Komplexen Koexistenz der Erscheinungsformen. Bei der Ausarbeitung der obigen Theorie wurden einige Annahmen im Bezug auf die elektromagnetische Welle (EMW) gemacht, ohne diese jedoch vollständig zu überprüfen. Damals wurden diese nur im Hinblick auf die Brauchbarkeit und Stimmigkeit im Bezug auf die Gesetze der Theorie der Komplexen Koexistenz überprüft. Die spätere Ausarbeitung, die gemacht wurde, um diese Lücke zu schließen, wurde dann zur Grundlage dieses Buches. Die konsequente Anwendung der Gesetzmäßigkeiten der Komplexen Koexistenz auf die bekannten physikalischen Erscheinungen und Gesetze förderte überraschende Dinge zu Tage. Besonders im Hinblick auf die EMW als grundlegende Energieeinheit sind die hier gewonnenen Erkenntnisse von unschätzbarem Wert. Die technische Anwendung der EMW ist nicht Gegenstand dieses Buches. Dennoch werden die Erkenntnisse, die dieses Buch vermittelt, auch und vor allem, für den Praktiker von großem Nutzen sein.

Die Theorie der Komplexen Koexistenz klärt den physikalisch/ mathematischen Wiederspruch der „Doppelnatur der EMW".

Das Energieerhaltungsgesetz verlangt: E = konstant (100%). Wir erhalten die mathematische Bedingung $E=1$ oder $E \times n = 1 \times n = n(E=1)$. Die Doppelnatur der EMW verlangt: entweder Energie (100% oder Masse (100%).

Das ergibt die mathematische Bedingung: $E = Ee \lor Em$

Ee = Energie als Energie (EMW)
Em= Energie als Masse

$E=1$; $E_e=1$; $E_m=1$; $E=(Ee+Em)=1$.

Ein Wechsel von Ee nach Em oder umgekehrt, muss fließend, d.h. ohne Unterbrechung sein (Der Wert darf nicht 0 werden), da sonst die 1. Bedingung verletzt würde.

Daher kann die 2. Bedingung nur als komplexe Zahl erfüllt werden. Nur so können die 1. und die 2. Bedingung gleichzeitig erfüllt werden. (Mathematische Grundlage ist die Konplexe Rechnung.)

Daraus folgt: Energie und Masse stehen 90° zueinander.

$$E = E_e + jE_m = r(1)[\cos\varphi + j\sin\varphi]; \quad E = \sqrt{E_e^2 + E_m^2}$$

Der Übergang ist auch nicht sprunghaft, sondern erfolgt innerhalb einer viertel Periode (4÷f).

1 Das Wesen der EMW

Wir können die EMW, nach dem gegenwärtigen Wissensstand, als die kleinste eigenständige Energieeinheit betrachten. Aufgrund der Äquivalenz von Energie und Masse ($E=mc^2$) können wir uns die Masseteilchen als aus EMWen zusammengesetzt vorstellen.

Was wissen wir über die EMW? Wir wissen, dass es sich um eine sich wellenförmig ausbreitende Energie handelt, die sich als kombinierte elektrische/magnetische Welle fortpflanzt. Desweiteren wissen wir, dass sie zwar eine Gravitation besitzt, aber nur als Welle (massefreie Energie) oder Masse (Energie als Masse) in Erscheinung tritt.

Die EMW ist nach ihrem Verhalten und ihren Eigenschaften eine Transversalwelle. Lange Zeit war man der Überzeugung, dass Wellen sich nur in einem Medium fortpflanzen können. Deshalb erfand man den Äther und suchte lange Zeit nach einem Beweis für seine Existenz.

Die in dem Buch "Die Theorie über die Komplexe Koexistenz der Erscheinungsformen" gemachte Gleichsetzung von bewegter drahtloser (medienloser) und mediengebundener elektrischer Ladung erlaubt es uns die Behauptung aufzustellen, dass eine EMW ein elektrischer Schwingkreis ist. Die Untrennbarkeit der elektrischen und magnetischen

Komponenten der EMW und die Theorie der Entstehung einer EMW aus einem elektrischen Schwingkreis machen diese Vorstellung zwingend. Darüber hinaus stellen die Induktionsgesetze (ohne die es keinen elektrischen Schwingkreis geben würde) die einzige bekannte "medienfreie" Energieübertragung dar. Man kann die induktive Übertragung als medienfrei bezeichnen, da zu Beginn der Übertragung kein Medium verfügbar ist. Die Übertragung erfolgt über das magnetische Feld. Dieses wird aber erst durch die fließende elektrische Ladung selbst erzeugt. Die Ladung erzeugt selbst das Medium, welches dann die Ladung überträgt. Daher ist kein Medium, wie z. B, der Äther erforderlich. Wenn wir diese Prinzipien (Schwingkreis und Induktion) auf die EMW übertragen und die Besonderheiten der komplexen Wechselbeziehungen, in Verbindung mit dem Energieerhaltungs- und Impulserhaltungsgesetz berücksichtigen, erhalten wir ein völlig neues Bild der EMW und viele Erklärungen bisher ungeklärter Phänomene im subatomaren Bereich.

1.1 Entstehung der EMW

Die Schulphysik lehrt uns, dass Elektronen, wenn sie angeregt werden EMWen aussenden können. (Siehe Quantenmechanik von Max Planck.)

Lassen Sie mich das etwas präzisieren. Ein Lichtquant wird abgestoßen, mit einem Impuls in der Ausbreitungsrichtung. Wenn sich eine elektrische Ladung bewegt, baut sie ein Magnetfeld auf. Fließt aber eine Ladung in einem Magnetfeld, so wird sie zur Seite abgelenkt (es gibt einen Impuls 90° zur Bewegungsrichtung) (Bild6 a + b), es entsteht ein elektrischer Minuspol. Wenn die Energie zum Aufbau des Magnetfeldes aufgebraucht ist, beginnt die Ladung vom Minuspol abzufließen, es wird ein Magnetfeld in Gegenrichtung aufgebaut usw. ... . Der positive Gegenpol wird durch das ladungsfreie Vakuum gebildet. Das Magnetfeld besteht aus nur einer Feldlinie. Es entsteht ein elektrischer Schwingkreis (Bild 1 c). Die Energie fließt zwischen Kapazität (Ladung/Vakuum) und Magnetfeld hin und her. Durch die komplexe Verknüpfung kann die Energie nur so fließen, daher kann der Anfangsimpuls (Ausbreitung) voll erhalten bleiben (Siehe Buch "Die Theorie über die Komplexe Koexistenz der Erscheinungsformen").

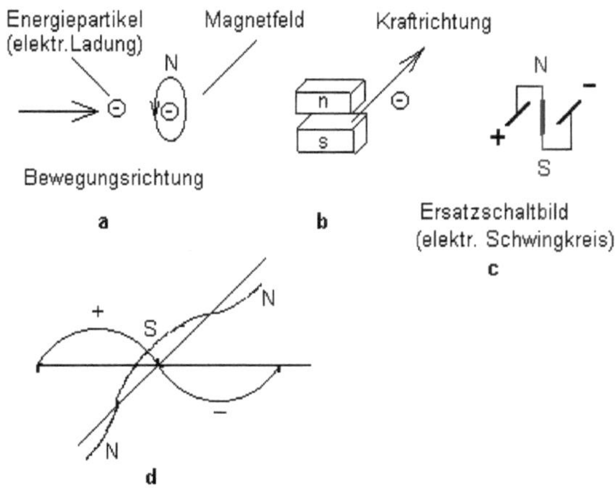

Bild 1 Entstehung einer EMW

Da die beiden Schwingungen im rechten Winkel zueinander stehen, entsteht ein Kreis. Die Ladung fließt im Kreis. (Genaugenommen wird sie ständig umgewandelt, vom Potenzial (Quantität) in Kraft (Qualität) und zurück.) Da sich der Kreis axial vorwärts bewegt, erhalten wir das gewohnte Wellenbild. (Der Kreis wird durch die Ausbreitung auseinander gezogen.) Die Welle selbst ist aber nur die Bahn der Ladung. Die Ladung befindet sich irgendwo auf dem Kreis, aber nicht auf den gesamten Kreisumfang verteilt. Wird nun eine EMW absorbiert, so geht die gesamte Energie an das absorbierende Teilchen über und tritt nun als Massezunahme in Erscheinung. Das nachfolgende Bild zeigt ein EMW mit ihren Komponenten.

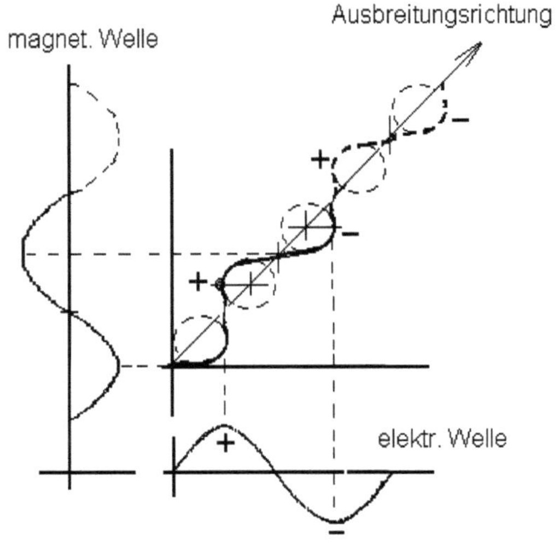

Bild 2 EMW

1.2 Bisher ungeklärte Phänomene der EMW

Im Vakuum kann sich die EMW praktisch unendlich ausbreiten, erfährt also keine Dämpfung. Ungeachtet ihrer Ausbreitung scheint die Energie punktförmig an ein absorbierendes Medium überzugehen. Nach der Absorption hat das Lichtquant[1] Masseeigenschaften, wenn es als Welle unterwegs ist nicht. Dennoch besitzt die Welle eine Gravitation.

Die Vorstellung vom Entstehen und vom Wesen der EMW, aus Kapitel 1 und 1.1 erklärt uns, wieso sich die Welle ohne Medium und dämpfungsfrei vorwärts bewegt und wieso die Energie quasi punktförmig an ein absorbierendes Teilchen übergeht. Daher kann das Lichtquant nicht gleichzeitig Welle und Masseteilchen sein.

1.) Dieser Begriff wurde von Einstein geprägt, um die Masseeigenschaff der EMW zu erklären.

2 Der elektrische Schwingkreis EMW

Wenn die EMW tatsächlich nichts weiter ist, als nur ein elektrischer Schwingkreis, dann muss sich die EMW (inkl. ihrer virtuellen Bauelemente) bzw. ihr Verhalten auch vollständig aus den Gesetzen der Elektrotechnik herleiten lassen. Das Wissen über EMWen schließt natürlich das Wissen der Optik, Wellenmechanik, Elektrizität/ Magnetismus und der Kernphysik mit ein.

Nehmen wir als Beispiel die Beugung (Optik). Das Phänomen der Beugung wird mit unterschiedlichen Ausbreitungsgeschwindigkeiten in Materialien unterschiedlicher optischer Dichte erklärt. Von besonderer Bedeutung ist jedoch die Tatsache, dass die Ausbreitungsgeschwindigkeit mit der Frequenz variiert. Je höher die Frequenz umso geringer die Geschwindigkeit. Die Geschwindigkeit hängt somit vorrangig von zwei Dingen ab, der optischen Dichte und der Frequenz. Wenn wir annehmen, dass die Verringerung der Ausbreitungsgeschwindigkeit eine Manifestation des (optischen) Widerstands ist, dann können wir annehmen, dass die optische Dichte dem ohmschen Widerstand (R) und die frequenzbedingte Verringerung dem induktiven Widerstand (X_L) entspricht (nur mal als unbewiesener Denkansatz).

Bevor wir jedoch die Gleichsetzung angehen können, müssen wir erst den Schwingkreis EMW mit seinen virtuellen Elementen (Kondensator und Spule) berechnen.

2.1 Der virtuelle Kondensator

Wir erinnern uns an die Gleichsetzung von bewegter drahtloser (medienloser) und mediengebundener elektrischer Ladung. Wir haben hier elektrische Ladung, die wir mathematisch bestimmen können, auch wenn die Kondensator-Platten fehlen oder wir nicht wissen woraus sie bestehen.

Die elektrische Ladung des Kondensators entspricht der Elementarladung ($1{,}602 \cdot 10^{-19}$ As) Wir ermitteln die Kapazität des virtuellen Kondensators aus dem Energieinhalt der EMW ($E=h \cdot f$) und der Elementarladung.

Als Beispiel nehmen wir die Frequenz $f=10^{14}\ s^{-1}$, die Untergrenze des sichtbaren Lichtes. Als elektrische Ladung haben wir die Elementarladung (e) in As; wir setzen sie mit der Kondensator-Ladung (Q) - ebenfalls As - gleich. Sie ist die einzige Konstante hier.

$$E_w = h \cdot f = 6{,}625 \cdot 10^{-34} \cdot 10^{14}$$
$$E_w = 6{,}625 \cdot 10^{-20}\ \text{Ws}$$

Dies ist die gesamte Energie, die die EMW bei ihrer Entstehung mitbekommt. Diese Energie teilt sich auf, in einen elektromagnetischen- und einen Ausbreitungsteil. Der elektromagnetische Energieanteil (E_S) befindet sich im "Schwingkreis" und der Ausbreitungsanteil (E_A) im Ausbreitungsimpuls.

Gemäß den Regeln der Komplexen Koexistenz und der des elektrischen Schwingkreises, erhalten wir folgende mathematische Beziehung:

$E_W = \cos\gamma\ E_A + j\sin\gamma\ E_S$ $\quad$ $E_S = \cos\varphi\ E_e + j\sin\varphi E_m$

Der Winkel γ gibt die Verschiebung der elektromagnetischen Ebene gegenüber der Ausbreitungsrichtung an. Im Idealfall (freie Schwingung im Vakuum) liegt er bei 45°. (Im Moment der Entstehung der EMW, ist der Winkel 90°) Da sich die Energie des Schwingkreises E_S entweder vollständig im elektrischen- oder vollständig im magnetischen Teil befindet, erscheint nur die gesamte Energie des Schwingkreises E_S in der Rechnung. Die Aussagen über den Winkel γ ergeben sich aus den Gesetzmäßigkeiten der Theorie der Komplexen Koexistenz. Hier kann nicht weiter darauf eingegangen werden, da es den Rahmen des Kapitels sprengen würde. (Mehr dazu in Kapitel 3ff).

Bei γ = 45° erhalten wir eine Halbierung. Die Energie des Schwingkreises ist somit:

$E_S = E_W : 2$

$= 6{,}625 \cdot 10^{-20} : 2 = 3{,}3125 \cdot 10^{-20}$

Aus der Energie des Schwingkreises können wir nun die Spannung (U) ermitteln.

$$U_s = \frac{E_s}{e} = \frac{3{,}3125 \cdot 10^{-20}}{1{,}602 \cdot 10^{-19}}$$

$U_s = 0{,}206772784$ V

Nun errechnen wir die Kapazität (C) des virtuellen Kondensators.

$$C = \frac{e}{U} = \frac{1{,}602 \cdot 10^{-19}}{0{,}20677}$$

$$C = 7{,}7476 \cdot 10^{-19} \, \frac{As}{V}$$

oder zusammengefasst

$$C = \frac{e^2}{h \cdot f}$$

Somit erhalten wir die Kapazität:

$C = 7{,}747634718 \cdot 10^{-19}$ As/V
======================

Damit haben wir nun die erste Komponente des virtuellen Schwingkreises errechnet.

2.2 Die virtuelle Spule

Wir haben keine Spule, lediglich eine Strecke entlang welcher eine elektrisch Ladung fließt. Da die Induktion durch die fließende Ladung (genauer gesagt, *durch das Fließen* der Ladung) entsteht, ist es unerheblich, ob ein Medium vorhanden ist oder nicht. Wir betrachten diese als eine Einwindungsspule mit der Länge von $\lambda/4$ (das ist die Strecke, die die Ladung zurücklegt, während der Kondensator ge- oder entladen wird).

Als mathematischer Ansatz nehmen wir die Formel:

U_{Ind}= L·$^{\Delta I}/_{\Delta t}$.

Als Strom (ΔI) nehmen wir die Elementarladung (e in As) geteilt durch die Zeit (Δt in s); somit erhalten wir I in Ampere. Die Zeit entspricht der Erregerzeit bzw. der Auf-und Entladezeit des Kondensators (Δt=t=$^1/_{2\pi f}$). Die Spannung U entnehmen wir der vorherigen Rechnung. (Wir gehen von einer Parallelschaltung von Kondensator und Spule aus).

$$U = L\frac{I}{t} \qquad L = \frac{U t}{I} \qquad \Big| \quad I = \frac{e}{t}$$

$$L = \frac{U t^2}{e} \qquad \Big| \quad t = \frac{1}{2\pi f}$$

$$L = \frac{\left(\frac{1}{2\pi f}\right)^2 \cdot U}{e}$$

$$L = \frac{\left(\frac{1}{6{,}28 \cdot 10^{14}}\right)^2 0{,}2067727}{1{,}602 \cdot 10^{-19}}$$

$$L = \frac{2{,}533029591 \cdot 10^{-30} \cdot 0{,}2067727}{1{,}602 \cdot 10^{-19}}$$

$$L = 3{,}269423089 \cdot 10^{-12}\ \frac{Vs}{A}$$

Wir erhalten somit einen elektrischen Schwingkreis mit einer Kapazität von C = 7,747634718·10^{-19} As/V und einer Induktivität von L = 3,26423089.10^{-12} Vs/A. Beide Werte sind frequenzabhängig.

Die Tatsache, dass sich EMWen praktisch unendlich weit ausbreiten können, ist nur möglich, wenn der elektrische (ohmsche) Widerstand des Vakuums null ist, und die Frequenz der Resonanzfrequenz des Schwingkreises entspricht. Dies wird durch das Energieerhaltungsgesetz erzwungen.

Demnach kann unsere Berechnung nur stimmen, wenn die Frequenz der Resonanzfrequenz entspricht. Wir überprüfen das. Dazu verwenden wir die Tomsonsche Schwingungsformel.

$$f = \frac{1}{2\pi\sqrt{C \cdot L}}$$

$$f = \frac{1}{6{,}283\sqrt{7{,}7476 \cdot 10^{-19} \cdot 3{,}2694 \cdot 10^{-12}}}$$

$$f = 10^{14}$$

Damit haben wir den Beweis, dass die obigen Rechnungen korrekt sind. Die Annahme, dass die EMW wie ein elektrischer Schwingkreis - aus Kondensator und Spule bestehend - zu berechnen ist, hat sich hiermit bestätigt.

2.3 Ausbreitungswiderstand

Beim Durchlaufen eines Mediums sieht sich die EMW jedoch einem optischen Widerstand gegenüber, der überwunden werden muss. Der Energieinhalt der EMW wird durch die Planksche Konstante h und dem variablen Wert f bestimmt. Da h nicht verändert werden kann, muss sich die Änderung in f vollziehen. Aber auch f ist konstant. Beim Übergang in ein optisch dichteres Medium wird aus der freien Schwingung eine erzwungene Schwingung. Diese setzt sich dann im Medium wieder als freie Schwingung fort. Dies ist aber nur möglich, wenn sich die Wellenlänge ändert. Da f konstant bleibt, muss sich mit λ auch die Ausbreitungsgeschwindigkeit ändern. Mit der Veränderung von λ ändern sich aber auch die elektrischen Werte. Das nehmen wir an, da sich der Weg der elektrischen Ladung und damit auch die Induktivität ändert.

Als Beispiel nehmen wir rotes Licht mit λ = 750 nm; $f=4 \cdot 10^{14}$; c_0 = 300 000 km/s. Das Licht soll durch einen Glaskörper geleitet werden, mit einer Ausbreitungsgeschwindigkeit von c= 200 000 km/s. Da die Frequenz konstant bleibt, ändern sich mit der Geschwindigkeit auch die Werte von

λ. **$c = f \cdot \lambda$**; $\lambda = c/f = 200\,000\,000/4 \cdot 10^{14} = 5 \cdot 10^{-7}$ (500 nm).

Die Veränderung der Ausbreitungsgeschwindigkeit (mit allen damit verbundenen Konsequenzen) erfolgt beim Eintritt in das dichtere Medium. Während des Durchgangs bleiben die Werte konstant. Beim Verlassen des optisch dichteren Mediums wird der vorherige Zustand wieder eingenommen.

Da sich beim Durchgang durch Glas (oder ein anderes Medium), weder eine Verringerung der Frequenz, noch eine Verringerung der Geschwindigkeit nach dem Verlassen zeigt, müssen wir zwingend annehmen, dass die Frequenz der Resonanzfrequenz entspricht. Die Ausbreitung der EMW erfolgt (genau wie bei der Ausbreitung im Vakuum) unabhängig vom Erreger, was bedeutet, dass die beim Eintritt in den Glaskörper erzwungene Schwingung sich innerhalb des Glaskörpers wieder als freie Schwingung ausbreitet (mit der gleichen Resonanzfrequenz).

Die Verringerung der Ausbreitungsgeschwindigkeit ist nur eine Folge davon. Daraus folgt der Grundsatz, der auch fürs Vakuum Geltung hat:

Die Ausbreitungsgeschwindigkeit der EMW ist nur eine Sekundärerscheinung der kapazitiven und induktiven Werte der EMW.

Nochmals zur Verdeutlichung: Energie- und Impulserhaltungsgesetz sind die Heiligen Kühe von Mutter Natur. Zu deren Aufrechterhaltung ist ihr jedes Mittel recht.

Diese Erkenntnis erleichtert die physikalische und mathematische Handhabung.

Da der Energieinhalt ($E = h \cdot f$) unverändert bleibt, können wir auch die elektrischen Werte U_W und e als unverändert betrachten. I ist veränderlich, da sich I als Quotient aus e/t mit t ändert. Die Kapazität des virtuellen Kondensators ändert sich, wobei aber die Ladung - das Produkt aus $I \cdot t$

konstant bleibt. Die Veränderung beim Kondensator liegt somit bei der Spannung U_S.

Die Spannung des Schwingkreises ändert sich. Da aber E_W und e konstant bleiben, muss es eine Veränderung (Verschiebung) im Energiegefüge geben.

Bei unserer virtuellen Spule ändert sich natürlich ebenfalls die Spannung. Aufgrund theoretischer Überlegungen kann es sich bei der EMW nur um eine Parallelschaltung von Kapazität und Induktivität handeln. Bei der Parallelschaltung liegen Kondensator und Spule ohnehin an der gleichen Spannung.

Da sich U ändert, haben wir es mit einem Spannungsteiler zu tun. Wir erhalten folgendes Ersatzschaltbild:

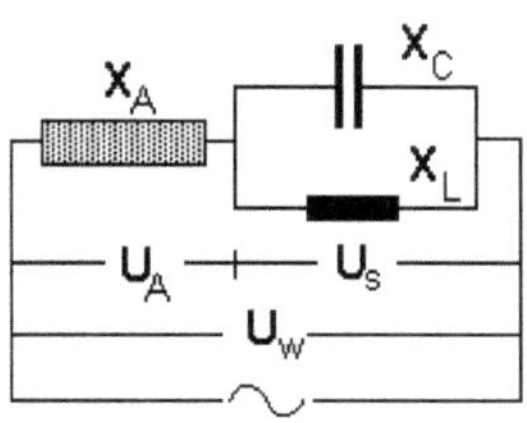

Bild 3 Ersatzschaltbild 1

(Anmerkung: Dieses Bild ist eine Annahme für unsere Überlegungen. Wir wissen hier noch nicht, um welche Art Widerstand es sich handelt.)

Die Spannung an $U_A = U_w - U_s$. Da jedoch der Schwingkreis in seiner Resonanz ist, kann keine Energie abgezogen werden. Der Strom (elektrische Ladung) über dem Widerstand ist bei Resonanz des nachgeschalteten Schwingkreises null (1:Z = 0).

Die Quantentheorie schließt ein Aufteilen der Elementarladung aus. Dies gilt nicht für die Spannung, da sie (in unserem Fall) eine

Sekundärerscheinung der fließenden Ladung ist. Unsere ursprüngliche Annahme ist daher inkorrekt. Es kann sich nicht um einen ohmschen Widerstand handeln. Dies ergibt sich aus dem Ohmschen Gesetz. $U=R \cdot I = (X_A+jX_{CL}) \cdot I$. Da X_{CL} bei der Resonanz zu unendlich wird, (Sperrkreis) würde X_A größer als unendlich, was mathematisch nicht möglich ist. Wir erhalten einen Übergang über ein Verknüpfungsglied, was bedeutet, dass X_A einen negativen oder imaginären Wert annimmt. (Siehe hierzu Buch Mathematik ohne Grenzen.) Da ein negativer Wert hier physikalisch ausgeschlossen ist, bleibt nur eine imaginäre Anbindung übrig.

Nach der Theorie der Komplexen Koexistenz der Erscheinungsformen kann diese komplexe Anbindung nur in die 3. Dimension gehen, da die Koexistenz von elektrischer und magnetischer Energie bereits eine komplette 2. Dimension bildet. Die Spannung, die wir mit U_A bezeichnet haben, ist daher keine Verlustspannung (im elektrischen Sinne). Sie wird zur Erhöhung des Drehimpulses verwendet und fließt nach dem Verlassen des optisch dichteren Materials wieder zurück, und die EMW bewegt sich wieder mit der vorherigen Ausbreitungsgeschwindigkeit. Der Ausbreitungsimpuls wird als Drehimpuls fortgesetzt. Elektrisch betrachtet, verringert sich die Spannung am Widerstand R_A mit anwachsender Frequenz. Das Verhalten entspricht somit dem einer Kapazität. Wir können unser Ersatzschaltbild wie folgt abändern.

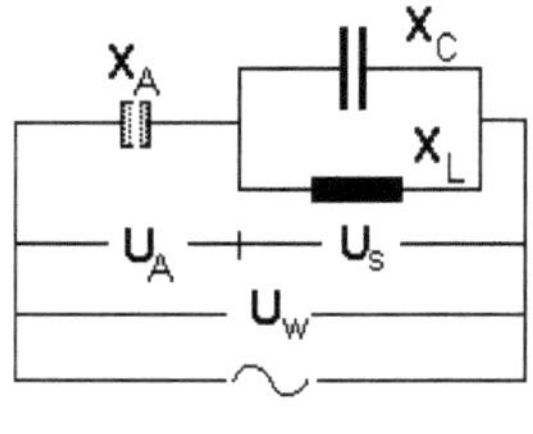

Bild 4 Ersatzschaltbild 2

Hier stoßen wir allerdings an die Grenze mit unserer Gleichsetzung mit einem elektrischen Schwingkreis. Das obige Schaltbild gilt nur für den Moment des Eintritts in das optisch dichtere Medium. Der Widerstand X_A verursacht lediglich beim Eintritt eine Phasenverschiebung der gesamten Ebene des Schwingkreises gegenüber der Ausbreitungsrichtung. Dies

Erklärt sich aus der Tatsache, dass eine EMW nur für die Dauer einer einzigen Schwingung existiert. Das zusammenbrechende Magnetfeld generiert eine "neue" Welle. Auf diese Weise pflanzt sich die Welle fort. Somit tritt die Veränderung nur bei der ersten Schwingung im neuen Medium auf. Es entstehen neue Resonanzbedingungen, die es der Welle erlauben, sowohl ihre Energie, als auch ihren Impulse aufrecht zu erhalten. Innerhalb des Mediums pflanzt sich dann die mutierte Welle fort. Beim Verlassen wir dann der ursprüngliche Zustand wieder eingenommen.

3. Die Veränderung des Drehimpulses

Wir können uns den Mechanismus folgendermaßen vorstellen: Die ankommende EMW wird durch den Widerstand des Materials gewissermaßen gestaucht. Dabei verkürzt sich die Wellenlänge. Die Bewegungsenergie wird nicht an das Medium abgegeben, sondern bleibt bei der EMW. Anderenfalls würde die EMW an Energie verlieren, d.h. ihre Frequenz würde sich verändern.

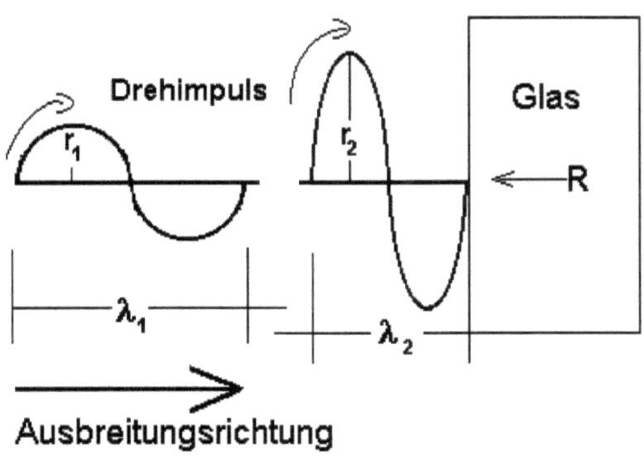

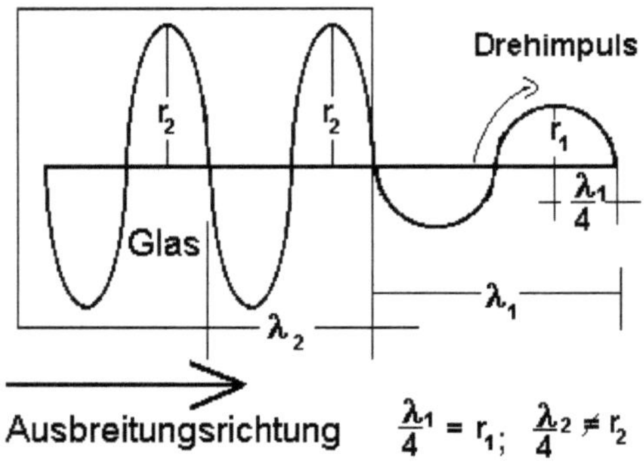

Bild 5 Übergang bei verschiedenen optischen Dichten

Durch die Verkürzung von λ wird der Radius vergrößert. Der Weg wird länger. Um den Geschwindigkeitsverlust auszugleichen, wird die Energie aus dem Bewegungsimpuls genommen. Das Energiepartikel bewegt sich mit gleicher Geschwindigkeit und die gleiche Strecke (in einer Zeiteinheit) während die Welle einen kürzeren Weg in dieser Zeit zurücklegt.

Das untere Bild zeigt die Umkehrung, den Übergang vom optisch dichteren zum optisch weniger dichten Material. Die Verringerung der Ausbreitungsgeschwindigkeit ist eine Manifestation von Energie- und Impulserhaltungsgesetz und ist eine Anpassung, um den Energie- und den Impulserhalt zu erzwingen. Daher stammt das Phänomen, dass die Ausbreitungsgeschwindigkeit bei höheren Frequenzen geringer wird. Dies gilt beim Durchlaufen von Materialien, nicht beim widerstandsfreien Vakuum. Die Tatsache, dass sowohl experimentell als auch mathematisch keine Geschwindigkeitsänderungen feststellbar sind (gemäß obigen Verfahren), können wir das Vakuum als (optisch) Widerstandsfrei betrachten.

Wenn wir die Ausbreitungsgeschwindigkeit (theoretisch - dies ist praktisch nicht möglich) auf 0 setzen, reduzieren wir den Schwingkreis auf eine Ebene und erhalten einen Kreis. (Siehe Kapitel 1.1). Der Winkel γ beträgt in dem Fall 90°. In diesem Fall, wäre die gesamte Energie der Welle im Schwingkreis. Durch den Ausbreitungsimpuls erhalten wir eine komplexe Aufteilung der Energie.

Der Radius des Kreises entspricht dem Maximum der Amplitude. Das Maximum liegt bei $\lambda/4$. Im Vakuum haben wir einen Winkel von 45°. Innerhalb eines Mediums gibt es eine Phasenverschiebung des Winkels γ

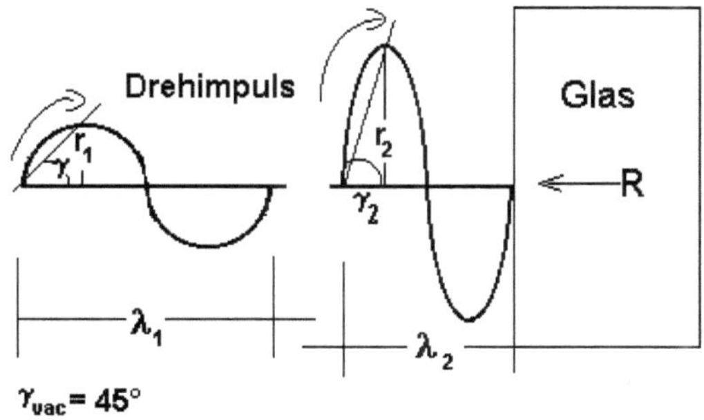

Bild 6 Der Winkel γ

Die Bestimmung des Winkels γ ist sehr simpel. Der Winkel entspricht dem Tangens aus c_0 und c_1 (c_0 = Ausbreitungsgeschwindigkeit im Vakuum, c_1 = Ausbreitungsgeschwindigkeit im Medium), $\tan \gamma = c_0/c_1$. In dem obigen Beispiel beträgt der Winkel 56,31° Dies entspricht ebenfalls dem Beugungsfaktor n. Da sich die Energie im gleichen Verhältnis verändert, können wir E_s direkt über den Beugungsquotienten bestimmen.

$E_{sg} = E_{svac} \cdot n$

Da wir die Elementarladung als unveränderlich ansehen, kann sich die Verlagerung der Energie nur über die Spannung vollziehen. Da E und e konstant bleiben, können wir auch U_s ($U=E/e$) durch die Multiplikation mit n bestimmen.

4 Erhaltung von Energie und Impuls

Die Erhaltung der Energie wird durch das konsequente Aufrechterhalten der Resonanz erzwungen. Dies erfolgt auf dem oben beschriebenen Weg. Auf gleiche Weise wird auch die Erhaltung des Impulses durchgesetzt. Der Ausbreitungsimpuls wird geringer (im obigen Beispiel um 1/3). Wie bereits erwähnt, verändert sich der Drehimpuls. Das ist das Geheimnis.

Wie in Kap.1.1 beschrieben, bewegt sich das Energiepartikel auf einer Kreisbahn. Dies ist der eigentliche Impuls, den es zu erhalten gibt. Dieser Kreis bewegt sich axial in der Ausbreitungsrichtung, deshalb kommt das Eneriepartikel nicht zu seinem Ursprung zurück. Der Kreis wird auseinander gezogen. Die Geschwindigkeit (Bahngeschwindigkeit) des Partikels ist logischerweise höher als die Ausbreitungsgeschwindigkeit. Die Bahngeschwindigkeit c_B errechnet sich: $\mathbf{c_B} = \mathbf{r \cdot \omega} = 2\pi f \cdot \lambda/4$; das entspricht $\mathbf{c_0 \cdot \pi/2}$.

Im Falle des Durchgangs durch ein Medium wird c um den Faktor n kleiner, gleichzeitig haben wir eine Amplitudenerhöhung um den gleichen Faktor. Das Produkt $r \cdot \omega$ bleibt erhalten. Der Impuls ändert sich daher nicht, nur sein Anteil an der Translationsbewegung wird verringert. Ein Impuls enthält aber auch einen Massefaktor (siehe auch Kapitel 4.3).

4.1 Die Beziehung zwischen Bahn-und Ausbreitungs- Geschwindigkeit

Wie wir bereits gesehen haben, gibt es offensichtlich eine feste Beziehung zwischen den beiden Geschwindigkeiten. Das Verhältnis $c_B = 2\pi f \cdot \lambda/4 = c_0 \cdot \pi/2$ ist konstant. Um den Ursprung dieser Beziehung zu ergründen, müssen wir ein wenig in die Mathematik abschweifen.

Die Theorie der Komplexen Koexistenz isoliert folgende mathematische Bedingung heraus. (Die Ableitung befindet sich in dem Buch "Die Theorie der Komplexen Koexistenz der Erscheinungsformen").

$$E = 1\sqrt{(\cos\alpha_1)^2 + (\sin\alpha_1)^2}$$

$$E = \sqrt{1} = 1$$

Das Energieerhaltungsgesetz fordert, dass die Energie in ihrem Wert unverändert bleibt, daher E = 1. Im Falle der EMW haben wir aber eine weitere Bedingung. Die Energie befindet sich vollständig im magnetischen oder im elektrischen Teil. D. h. $E_e = E_m = 1$. Für die obige Formel sind beide Bedingungen nur erfüllt, wenn $\alpha = 0°$ oder $= 90°$ ist. (Das gleiche Phänomen haben wir beim Übergang von Energie zur Masse.) Wenn wir aber beide Bedingungen bei jedem Winkel haben wollen, ist die zweite Bedingung $E_e = E_m = 1$ nur in der Ebene erreichbar. $1{\cdot}1 = 1^2$ und doch nicht 1. Die 1 ist eine Ausdehnung der Länge und 1^2 ist eine Ausdehnung der Ebene.

Die nachfolgende Grafik zeigt die Energieverteilung innerhalb der EMW, so wie sie sich aus den Bedingungen der komplexen Verbindungen ergeben (siehe Buch "Die Theorie der Komplexen Koexistenz der Erscheinungsformen").

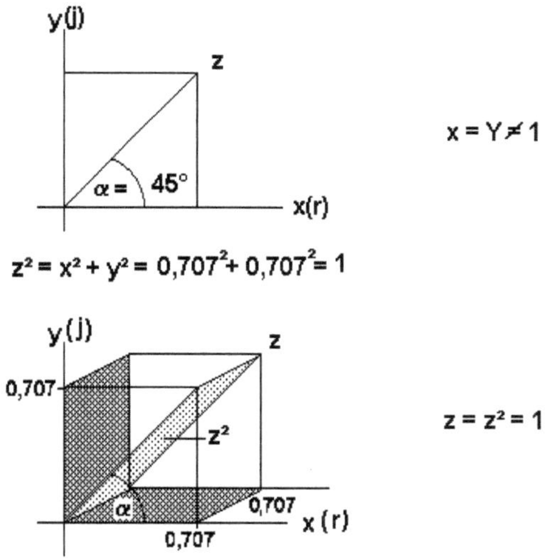

Bild 7 Energieverteilung

Das obige Beispiel zeigt eine 45° Konstellation, bei der wir $Z = Z^2$ haben. Gerade und Ebene sind Wertgleich "1". Das Energieerhaltungsgesetz ist erfüllt. Die Bedingung X=Y=1 kann jedoch nicht mehr erfüllt werden. X = Y =1/2 ergibt für X+Y zwar 1, aber für $X^2 + Y^2$ den Wert 2 und damit für die Wurzel aus Z den Wert 1,414. Nur bei Z=1 Stimmt aber die Energiebilanz. Durch den Ausbreitungsimpuls erhalten wir eine räumliche (dreidimensionale) Ausdehnung. Bei $\alpha = 45°$ erhalten wir bei der Fläche

Z² eine Diagonale mit dem Wert 1. Bei diesem Energiekubus haben alle Diagonalen den Wert 1, daher die hohe Stabilität.

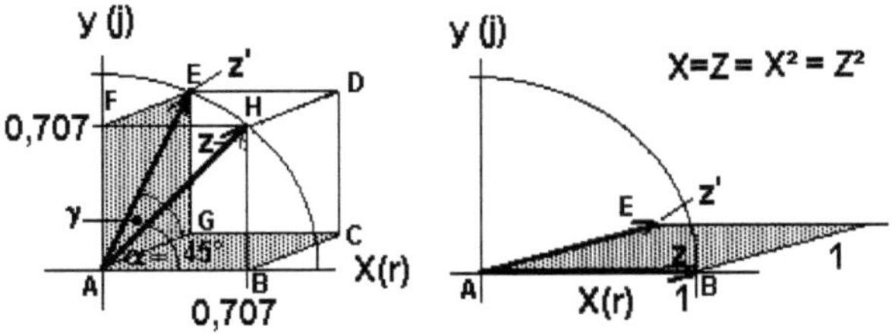

$\overline{AB} = \overline{BC}$
$\overline{AH} = Z$
$\overline{AE} = Z'$

$\gamma = \sphericalangle\, \overline{AG}\ \overline{AE}$

Bild 8 Vergl. 45°/ 90°

Hier haben wir nun zum Vergleich zur 45° Konstellation eine 0° Situation. Hier fallen die Quadrate x und z zusammen, wobei y = 0 ist. Da z´=1 ist, und z = 1, haben wir ein Ausgeglichenes System, jedoch keine Ausbreitung, als Welle.

Durch die Anpassung beim Durchgang durch ein optisch dichteres Material ändert sich der Winkel α , α wird > 45° Damit ändert sich das Energiegefüge. Z´ wird aber wieder zu 1, da die Diagonale der Fläche AGEF, wieder zu 1 wird.

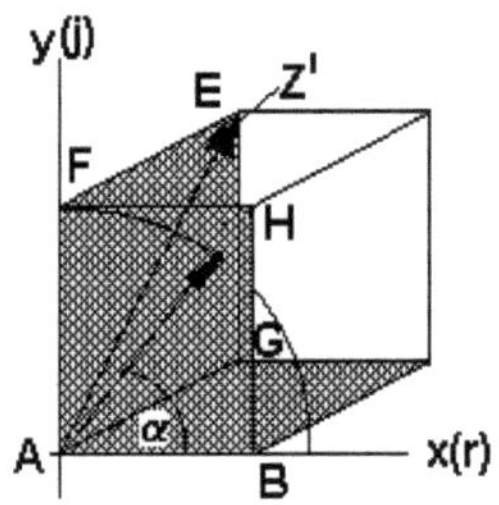

$\gamma = \sphericalangle\, \overline{AG}\ \overline{AE}$
$\overline{AB} = \overline{AE} = x = \frac{\lambda}{4}$

Bild 9 Energieverteilung in optisch dichterem Material

Der Winkel γ gibt die Verdrehung der Schwingungsebene zur Ausbreitungsrichtung an. Der Zeiger z bewegt sich entlang einer Kreisbahn, da er durch die komplexe Beziehung x und y (cos·r + j·sin) bestimmt wird. z´ dagegen erfährt eine weitere Drehung um 90°, so dass wir $j \cdot j = j^2 = -1$ erhalten. Daher ist die Verschiebung von z´ geradlinig. Wenn wir den gesamten Zeitraum der Welle (0° bis 360°) erfassen, erhalten wir über die Integralrechnung das Verhältnis $z` = z \cdot \pi/2$.

Wir haben bisher keine Drehrichtung der Verschiebung aus der 45° Lage definiert. Gemäß obigen mathematischen Beziehungen ist es jedoch korrekt der Verschiebung zur kleineren Ausbreitung hin den Richtungswert - (minus) zuzuordnen. Eine Verschiebung in Richtung + (Gegenrichtung) entspricht dann einer höheren Ausbreitungsgeschwindigkeit als c_0. (Ungeachtet dessen, ob dies physikalisch möglich ist oder nicht.) Wir bezeichnen die Verschiebung aus der 45°-Achse mit $\Delta\gamma$. Der Winkel γ wird somit zur Summe aus $\gamma_{45°}$ + $\Delta\gamma$. $\gamma = \Delta\gamma + 45°$. ***Der Winkel γ kann weder 0° noch 90° erreichen.*** Bei 0° erhalten wir eine Gerade (somit keine wellenförmige Bewegung), während bei 90° keine Ausbreitung mehr möglich ist (v = 0).

$$\gamma > 0° < 90° \longrightarrow \Delta\gamma < 45°$$

Bild 10 zeigt die grafische Darstellung der Welle in ihrer Verdrehung und den Winkel.

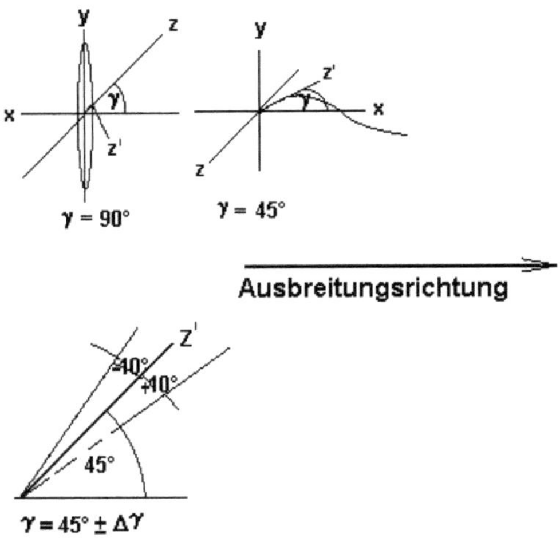

Bild 10 Verdrehung der Ebene

4.2 Die Polarität

Eine weitere Eigenschaft der EMW, die der Vollständigkeit halber hier behandelt werden muss, ist die Polarisierbarkeit des Lichtes.

Wenn wir die klassische Betrachtungsweise nehmen und sagen: "Es ist eine Welle, die wenn sie quer zum Gitter kommt gesperrt wird und wenn sie in Gitterrichtung kommt hindurchgeht", dann können wir das Thema einfach abhaken. Nur - bei dieser Vorstellung wird die Tatsache übersehen (bzw. ignoriert), dass die magnetische Welle ohnehin quer zur elektrischen steht, und auch umgekehrt. Bisher schweigt sich die Fachliteratur zu dem Thema aus. Wir wollen uns auch hier nur darauf beschränken, ob unser Vorstellungen von der EMW auch diese Phänomene zulassen. Wir lassen aber offen, ob die klassisch Vorstellung stimmt oder nicht. Es ist ja auch durchaus möglich, dass nur die elektrische oder nur die magnetische Welle gesperrt wird.

Wenn wir aber die beiden Wellenanteile als gleichwertig und ihre Wellenphänomene als gemeinsame Eigenschaften ansehen, dann ergibt sich doch ein anderes Bild. Gemäß unseren Erkenntnissen ist die EMW eine Kreisbahn die sich axial in Ausbreitungsrichtung bewegt. Der Durchmesser dieses Kreises wird ausschließlich von der Wellenlänge bestimmt.

Die Verdrehung der EMW verursacht, dass die mechanische Ausdehnung Höhe und Breite unterschiedlich zur Wirkung gelangen (siehe Bild).

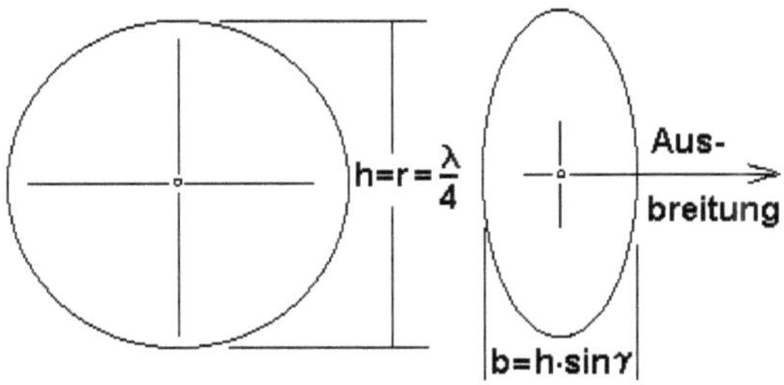

Bild 11 Ausdehnung in Höhe und Breite

4.3. Die Doppelnatur der EMW

Die Doppelnatur der EMW - entweder Energie(welle) oder Masse(teilchen) - hat die Wissenschaft lange beschäftigt. In der Theorie der Komplexen Koexistenz wurde nachgewiesen, dass die Gravitation eine Manifestation der Rotationsbewegung ist. Da sich aber das Energiepartikel in einer Rotation befindet, entwickelt es ebenfalls eine Gravitation. Man weiß seit langem, dass eine EMW von einer schweren Masse abgelenkt wird. Dies setzt voraus, dass sie selbst eine Gravitation besitzen muss, obwohl sie massefrei ist.

Einstein gab uns den konkreten Hinweis, als er herausfand, dass es keinen Unterschied zwischen einer schweren und einer trägen Masse gibt. Wenn wir nun sagen: "Es gibt nicht nur keinen Unterschied zwischen träger- und schwerer Masse, sondern, es gibt auch keinen Unterschied zwischen einer Trägheit der Masse, und einer massefreien Trägheit", so wie wir es mit der Elektrizität gemacht haben, dann können wir sagen, dass eine rotierende Trägheit eine Kraft verursacht. Hier bietet sich nun die Möglichkeit, über den Bewegungsimpuls und die Energie die Trägheit des Energiepartikels selbst zu berechnen.

Da sich -nach der Theorie des Schwingkreises - die gesamte Energie, entweder im Kondensator oder in der Induktivität befindet, können wir den Schwingkreis auf die Kapazität reduzieren, $E_S = 3{,}3125 \cdot 10^{-20}$. Wir haben somit ein Energiepartikel mit der Elementarladung e soweit beschleunigt, dass er eine kinetische Energie in besagter Höhe hat. Die Zeit, die wir dazu benötigten ergibt sich aus der Strecke von $\lambda/4$ und der Geschwindigkeit v. Die tatsächliche Geschwindigkeit des Partikels ist $c \cdot \pi/2$. Die kinetische Energie errechnet sich aus der Formel $\mathbf{E = (m_V - m_0)\, c^2 = mc^2}$ (c entspricht hier c_B).

$$E_s = mc_B^2 = m\left(c \cdot \frac{\pi}{2}\right)^2$$

$$m = \frac{E_s}{\left(c \cdot \frac{\pi}{2}\right)^2} = \frac{E_s}{\left(c \cdot \frac{\pi}{2}\right)^2}$$

$$m = \frac{3{,}3125 \cdot 10^{-20}}{\left(\frac{3{,}14 \cdot 300 \cdot 10^6}{2}\right)^2}$$

$$m = 1{,}491673 \cdot 10^{-37}$$

Wenn wir E_s durch E_w die Gesamtenergie ersetzen, erhalten wir:

$$E_s = \frac{E_w}{2} = \frac{E}{2} = \frac{hf}{2} \longrightarrow$$

$$m = \frac{hf}{2\left(c \cdot \frac{\pi}{2}\right)^2} = \frac{2hf}{(c \cdot \pi)^2}$$

Es ist einfacher direkt den Gesamtwert zu nehmen (rechts). In dieser Rechnung ist die Frequenz $f = 10^{14}$ enthalten da $E = h \cdot f$ ist. Wenn wir den Wert durch f dividieren, erhalten wir eine allgemeine Aussage.

$$m = 1{,}491673 \cdot 10^{-37}$$

$$R_M = \frac{m}{f} = \frac{1{,}491673 \cdot 10^{-37}}{10^{14}}$$

$$R_M = 1{,}491673 \cdot 10^{-51} \ \frac{kg}{Hz}$$

oder direkt

$$R_M = \frac{hf}{2f\left(c \cdot \frac{\pi}{2}\right)^2}$$

$$R_M = \frac{2h}{(c \cdot \pi)^2}$$

R_M steht für Widerstandsmoment, da es sich in der Tat um ein Moment des Widerstands handelt. Es gibt hier tatsächlich keine Masse, sondern nur einen Widerstand gegen die Bewegung. Die Bewegung ist in der Frequenz enthalten.

Achtung: Bei dem Wert R_M handelt es sich nicht um eine Masse, sondern lediglich um eine Trägheit, welche einer Masse in dieser Größe äquivalent ist. Es ist die Arbeit die verrichtet werden muss, um den Energiepartikel mit der Elementarladung e bei der Frequenz f = 1 auf die Geschwindigkeit $c{\cdot}\pi/2$ zu beschleunigen. Die Elementarladung selbst hat weder Masse noch Trägheit.

Da sich die Trägheit ausschließlich aus der Bewegung ergibt, können wir unsere Annahme, dass es sich um eine masselose Trägheit handelt als bestätigt betrachten.

Zum besseren Verstehen ist folgendes zu bemerken:

1. Wir haben mit einer höheren Geschwindigkeit gerechnet als der Lichtgeschwindigkeit.

2. Haben wir ein Masseäquivalent bei einer höheren Geschwindigkeit als die Lichtgeschwindigkeit, obwohl Masse nicht auf Überlicht-geschwindigkeit beschleunigt werden kann (sagt Einstein).

Das Masseäquivalent tritt nicht als Masse in Erscheinung, sondern ist und bleibt reine Energie. Gemäß der Theorie der Komplexen Koexistenz ist aber Materie die Imaginär- Form der Energie. (Dies ist nur eine Definitions-Sache - man kann genauso gut die Energie als Imaginär-Form von Masse betrachten.) Die Aussage, dass Masse nicht über die Lichtgeschwindigkeit hinaus beschleunigt werden kann, basiert nur auf der Formel

$$m_v = \frac{m_0}{\sqrt{1-\left(\frac{v}{c}\right)^2}}$$

Wenn v/c größer als 1 wird (v>c), dann wird der Wert unter der Wurzel negativ. Dies bedeutet lediglich, dass hier ein Sprung auf die

Imaginär-Achse erfolgt, nicht mehr und nicht weniger. (Siehe hierzu Buch Mathematik ohne Grenzen.) Da sich die Energiepartikel auf einer gekrümmten Bahn bewegen, ist der zurückgelegte Weg naturgemäß länger als der geradlinige Weg der Ausbreitung. Die Ausbreitungsgeschwindigkeit ist Materialabhängig (optische Dichte) und schwankt erheblich, wie wir gesehen haben. Die Geschwindigkeit des Energiepartikels ist aber konstant bei $c_0 \cdot \pi/2$.

4.2.2 Die Spannung als Kraftvektor

Die Spannung tritt hier als reiner Kraftvektor in Erscheinung. Der Energieinhalt der EMW wird von der Elementarladung und ihrer Geschwindigkeit bestimmt. Nach der Theorie der Komplexen Koexistenz ist Kraft ein 90°-Vektor der Energie, welche den Regeln der komplexen Beziehung unterliegt, d.h. $E = r(\cos E_e + j \sin E_F)$. Dies bedeutet für die EMW: Die Spannung ist keine sekundäre Erscheinung der Energie, sondern der entscheidende Faktor. Die Elementarladung ist eine masselose Quantität, die erst durch den Kraftvektor (die Spannung) zum Energiepartikel werden kann.

Bei der Entstehung der EMW, wird ein Energiepartikel mit einer Kraft beschleunigt. Erst jetzt haben wir Energie. Die Welle pflanzt sich fort, ohne dass weitere Energie hinzugefügt wird. Wir haben nun einen dämpfungsfreien Schwingkreis.

Elektrisch gesehen ist Energie $U \cdot I \cdot t$, die Elementarladung entspricht dem Produkt $I \cdot t$. Somit haben wir die Beziehung $E = U \cdot e$.

$$U_{R_M} = \frac{E}{e} \qquad E = m \cdot c^2$$

$$U_{R_M} = \frac{m \cdot c^2}{e} = \frac{R_M \left(c \cdot \frac{\pi}{2}\right)^2}{e} \qquad \text{Wir ersetzen c mit } c_B = c \cdot \frac{\pi}{2}, \quad m = R_M$$

$$U_{R_M} = \frac{1{,}492 \cdot 10^{-51} \cdot 2{,}22 \cdot 10^{17}}{1{,}602 \cdot 10^{-19}}$$

$$U_{R_M} = 2{,}06772784 \cdot 10^{-15} \quad V/Hz$$

Wir können so auch direkt die Spannung ausrechnen, indem wir U_{RM} mit f multiplizieren.

Der Wert für R_M ($1{,}49267 \cdot 10^{-51}$ kg/Hz) gilt für c_0. Bei Glas aber ändert sich der Wert von c erheblich. Ändert sich damit auch die Konstante R_M? - -. Hier kommen nun die Prinzipien der Theorie der Komplexen Koexistenz zum Tragen. Der Wert bleibt unverändert. Warum? Der Wert $\lambda/4$ steht für r. Durch die Amplitudenerhöhung infolge der Stauchung, vergrößert sich der Radius, sodass der Wert $\lambda/4$ nicht mehr dem tatsächlichen Radius entspricht.

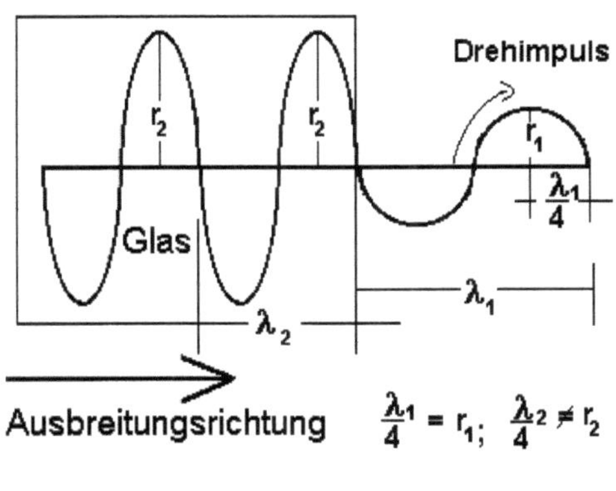

Bild 12 Vergleich r_1 und r_2

Der Wert von r_2 ist entsprechend größer als r_1, daher gleicht sich die Geschwindigkeit auf der Umlaufbahn der Energie aus. Somit ergibt sich die folgende Definition.

Definition: Die Ausbreitungsgeschwindigkeit der EMW ist abhängig vom Material (optische Dichte) und der Frequenz. Unter gleichen Bedingungen ist sie konstant. Die Geschwindigkeit des Energiepartikels der EMW (c_B) hingegen ist material- und frequenzunabhängig und hat den konstanten Wert $c \cdot \pi/2$ (rund 471 238 km/s).

5. Die Lichtgeschwindigkeit

Haben Sie sich jemals gefragt: "Warum gerade 300.000 km/s, warum nicht 500.000 oder 1.000.000 oder irgend einen Wert ?" Nun, nachdem wir die Ausbreitungsgeschwindigkeit auf eine Funktion von Energie reduziert haben, können wir die Frage mathematisch angehen.
Wir haben eine Masse (bzw. eine massefreie Trägheit), welche am Ende einer Beschleunigung, eine Geschwindigkeit von c_0 = 300 000km/s (c_B = 471 238 km/s) hat.

Die Grundgleichung ist F = m . a, daraus kann nun die kinetische Energie abgeleitet werden, und wir erhalten **$E_{kin} = 1/2\ m\ v^2$** (***$E_{kin} = 1/2\ m\ v^2$***). In unserem Fall ist die Geschwindigkeit v = c_B =471 238 km/s.

Anmerkung: Unter Berücksichtigung der Relativitätstheorie (Albert Einstein) ist $E = mc^2$ (c entspricht v). Da wir aber, als Energie des Schwingkreises E_S nur die Hälfte der Gesamtenergie E_W haben, erhalten wir wieder $E_{kin} = 1/2\ m\ v^2$.

$$E_s = mv^2 \qquad v^2 = \frac{E_s}{m}$$

$$v = \sqrt{\frac{E}{2m}} = \sqrt{\frac{h \cdot f}{2 f R_M}} = \sqrt{\frac{h}{2 R_M}} \qquad \left| \begin{array}{l} E_s = \frac{h \cdot f}{2} \\ m = R_M \cdot f \end{array} \right.$$

$$v = \sqrt{\frac{6{,}625 \cdot 10^{-34}}{2 \cdot 1{,}491673 \cdot 10^{-51}}}$$

$$= \mathbf{471\,238\,895\ m/s}$$

Die errechnete Geschwindigkeit deckt sich mit unserem Wert von c_B =471 238 km/s. Die Geschwindigkeit ist somit ebenfalls nur eine Folge der Energieverhältnisse.

Die Ausbreitungsgeschwindigkeit ist das Endresultat der Beschleunigung der rotierenden Ebene mit ihrem Wert der relativen Masse. D.h. wir haben nicht mehr eine relativ in Ruhe befindliche Masse, sondern eine beschleunigte Masse, welche wir Beschleunigen. Die Beschleunigung wird durch eine 90° zur Rotationsachse angreifende Kraft verursacht. Die Rotationsachse befindet sich relativ zur Ausbreitungsrichtung in Ruhe. Allerdings hat die rotierende Trägheit eine höhere Masse als die ruhende. Somit haben wir einen anderen Ansatz. Über die Impulsgesetze lässt sich die Ausbreitungsgeschwindigkeit ermitteln. Für die Ebene des Schwingkreises haben wir ein Trägheitsmoment J (Drehimpuls), für die Ausbreitung jedoch nur einen Translationsimpuls p.

Deshalb haben wir für die Rotationsebene eine andere Formel, als für die Ausbreitung.

$E_s = \frac{J}{t}$; $J = \frac{m \cdot s^2}{t}$ | $t = 1$; $s = \frac{c_B}{t}$

Wir rechnen als erstes m von J aus

$E_s = \frac{J}{t}$ $J = \frac{E_s}{t}$ $J = \frac{h \cdot f}{2t}$ | $E_s = \frac{h \cdot f}{2}$

$\frac{h \cdot f}{2t} = \frac{m \cdot s^2}{t}$

$m = \frac{h \cdot f \cdot t}{2t\ s^2} = \frac{h \cdot f}{2s^2} = \frac{6{,}625 \cdot 10^{-34} \cdot 1}{2 \cdot 471\,238\,895}$ | $s = \frac{c_B}{t}$

$$m = \underline{\underline{7{,}029343365 \cdot 10^{-43}\ \mathrm{kg}}}$$

Nun rechnen wir s von p aus

$E_p = p \cdot v$; $p = m\frac{s}{t}$ | $t = 1$; $s = ?$

$p = m\frac{s}{t}$; $s = \frac{t \cdot 2E_p}{mv} = \frac{2t \cdot h \cdot f}{2mv}$ | $E_p = \frac{p \cdot v}{2}$; $E_p = \frac{h \cdot f}{2}$

$s = \frac{2t \cdot h \cdot f}{2m \cdot f \cdot \pi} = \frac{t \cdot h}{m \cdot \pi}$ | $v = \lambda \cdot f$; $\lambda \hat{=} \pi$

$$= \frac{6{,}625 \cdot 10^{-34} \cdot 1}{7{,}029343365 \cdot 10^{-43} \cdot 3{,}14}$$

$s = 300\,000$ km

$v = s \cdot t = 300\,000 \cdot 1 = \underline{\underline{300\,000\ \mathrm{km/s}}}$

Wie nicht anders zu erwarten haben ist das Ergebnis 300.000 km/s.

6 Drehimpuls einer EMW

Aus der Atomphysik ergibt sich gemäß der Impulserhaltung, dass die EMW einen Drehimpuls mitbekommt. Dieser Drehimpuls ist aber ein Energievektor. Wenn wir davon ausgehen, dass diese Energie in der Gesamtenergie E= h·f enthalten ist, dann müssen wir diese Energie in unserer Berechnungen mit einbeziehen. Wir haben sie bisher einfach vernachlässigt. Da wir uns (bei unseren Berechnungen) vornehmlich im Bereich des sichtbaren Licht bewegten, ist der Fehler vernachlässigbar.

Im Bereich der ELF-Wellen ist der Wert jedoch nicht zu vernachlässigen.

Wir haben bei der Berechnung des Widerstandsmomentes der Trägheit R_M eine Frequenz von 1Hz angenommen. Dort ist naturgemäß die Frage aufgetaucht: "Wie weit ist die Bandbreite? Wo ist das untere Ende? gibt es eine Untergrenze?" Mit Hilfe des Impulses können wir nun die Untergrenze bestimmen. Wir könnten dies auch anhand theoretischer Überlegungen bewerkstelligen, aber hier können wir es mathematisch belegen. Laut Fachliteratur ist der Impuls J einheitlich (d.h. nicht Frequenz- oder Energieabhängig) **$J = h/2\pi$**. Hier können wir bereits sehen dass es sich um einen sehr geringen Energiewert handeln muss.

$$J = m \cdot r^2; \quad J = \frac{h}{2\pi} \qquad \Big|\; J = m \cdot r^2 = \frac{h}{2\pi}$$

$$J = m \cdot r^2 = \frac{E}{c_B^2} \cdot r^2 = \frac{h \cdot f}{c_B^2}\left(\frac{\lambda}{4}\right)^2 \qquad \Big|\; E = mc^2 = h \cdot f$$

$$= \frac{h \cdot f}{\left(c\frac{\pi}{2}\right)^2} \cdot \left(\frac{\lambda}{4}\right)^2 = \frac{h \cdot f}{c^2 \frac{\pi^2}{4}} \cdot \left(\frac{\lambda}{4}\right)^2 \qquad \Big|\; m = \frac{E}{c_B^2};\ r = \frac{\lambda}{4};\ c_B^2 = c\frac{\pi}{2}$$

$$= \frac{h \cdot f}{(f\lambda)^2 \frac{\pi^2}{4}} \cdot \left(\frac{\lambda}{4}\right)^2 = \frac{h}{4f\pi^2} \qquad \Big|\; c = f\lambda \quad \lambda = \frac{c}{f}$$

Berechnung der Frequenz

$$J = \frac{h}{4f\pi^2};\quad f = \frac{h}{4\pi^2 J} \qquad \Big|\; J = \frac{h}{2\pi}$$

$$f = \frac{h 2\pi}{4\pi^2 h} = \frac{1}{2\pi} = 0{,}159155 \text{ Hz}$$

Berechnung der Energie

$$E = h \cdot f = 6{,}625 \cdot 10^{-34} \cdot 0{,}159155 = 1{,}0544 \cdot 10^{-34}$$

Berechnung der Wellenlänge

$$\lambda = \frac{c}{f} = \frac{300\,000\,000}{0{,}159155} = 1\,884\,954\,918 \text{ m}$$

$$\longrightarrow \frac{\lambda}{4} = 471\ 238 \text{ km.}$$

Wie bereits erwähnt liegt der Energiewert in einer vernachlässigbaren Größe.

Die Untergrenze liegt somit bei **0,159155 Hz**, Hier wird die gesamte Energie in den Drehimpuls gesteckt. Es steht keine Energie mehr für die Ausbreitung zur Verfügung. Aufgrund theoretischer Überlegungen, kann der Wert für $\lambda/4$ den Wert von 471 238 km nicht überschreiten, da sonst das Verhältnis von c/c_B nicht mehr aufrechterhalten werden kann. Letztere Aussage trifft nur dann zu, wenn die Ausbreitungsgeschwindigkeit unveränderbar ist (was ich aber sehr anzweifle). Aber aufgrund der Energiebilanz können wir die obige Frequenz als theoretische Untergrenze betrachten. Der Drehimpuls stammt von dem subatomaren Teilchen, welches die EMW aussendet, daher ist die obige Untergrenze für EMWen, welche nicht auf dem Ausstoß von subatomaren Teilchen beruht nicht zwingend.

Wenn es eine Untergrenze gibt, gibt es auch eine Obergrenze. Diese Aussage basiert auf den theoretischen Überlegungen zum Thema Phasenverschiebung des Winkel γ, sowie der Tatsache, dass es physikalisch keine Ausdehnung mit dem Wert 0 geben kann.

Ein möglicher Ansatz ist die Phasenverschiebung des Winkels γ. Die Untergrenze entspricht noch einer Neigung von 45°. Bei einer weiteren Verringerung der Frequenz, gibt es eine Phasenverschiebung des Winkels γ und wir erhalten für γ'einen negativen Wert (siehe Kap. 4.1 Bild 10). Genau wie beim Durchgang durch optisch dichteres Material, wird die EMW zur Aufrechterhaltung des idealen Zustands (γ = 45°) die fehlende Energie aus dem Ausbreitungsimpuls nehmen, d.h. c wird kleiner als c_0. Was natürlich bedeutet, dass es durchaus noch "EMWen" mit geringerer Frequenz geben könnte, aber die Konstanten c_B und c_0 würden sich verringern und damit auch die Werte von λ (c/f). Auch der Wert von J ($h/2\pi$) müsste geringer sein, wegen der Energiebilanz. Die einzige Konstante wäre $c_B/c_0= \pi/2$. Eine Solche Welle, falls sie existiert, könnte mit den Formeln der EMW berechnet werden. Allerdings müsste man dann auch die Werte (Konstanten) von e und h überprüfen, daher wollen wir diese Art von Wellen, die wir zwar (nach heutigem Wissenstand) als unwahrscheinlich ansehen müssen, deren Existenz wir jedoch nicht ausschließen können, als Sub-EMW oder Infra-EMW bezeichnen.

Das Gegenstück wäre eine EMW mit einer höheren Ausbreitungsgeschwindigkeit als c_0. Nennen wir sie Ultra-EMW. Diese würden dann entstehen, wenn λ der EMW, so klein wäre, dass der Toleranzwert unterschritten würde. (Ich kann derzeit keine Angaben machen, wo der Toleranzwert liegt - es muss jedoch, aus mathematischen und physikalischen Überlegungen heraus einen solchen geben. (Mit der höheren Mathematik kann man zwar einen solchen Wert ermitteln, aber ohne physikalische Äquivalenz halte ich diesen für wertlos.) Dann würde eine Phasenverschiebung von γ mit γ'positiv auftreten, und ein Ausgleich auf γ=45° wäre nur mit einer Erhöhung der Ausbreitungsgeschwindigkeit möglich (siehe Kap. 4.1 Bild).

6.1 Drehsinn

Der Drehsinn der elektromagnetischen Ebene ist entgegen dem Uhrzeiger (in Ausbreitungsrichtung gesehen). Dies ergibt sich aus den Induktionsgesetzen (rechte Handregel). Bei der Entstehung können wir erwarten, dass es sowohl rechts- als auch linksdrehende Ebenen gibt. Ist der Drehsinn umgekehrt, so ist die Ausbreitungsrichtung auch umgekehrt. Da wir nur EMWen wahrnehmen, die auf uns zu kommen, haben diese immer den gleichen Drehsinn.

7 Die Lichtgeschwindigkeit als Konstante

Einstein hat die Lichtgeschwindigkeit als absolute Konstante betrachtet, da nie eine höhere Geschwindigkeit beobachtet wurde (siehe Relativitätstheorie). Wie wir aber aus den vorangegangenen Berechnungen ersehen können, ist die Lichtgeschwindigkeit zwar eine Konstante. Sie ist im jeweiligen Material bei gleicher Frequenz absolut konstant und natürlich auch im Vakuum, jedoch mit unterschiedlichen Werten. Die Ausbreitungsgeschwindigkeit von EMWen wird ausschließlich von den elektrischen Werten (bzw. den Resonanzbedingungen des Schwingkreises) bestimmt. Die zugrundeliegende Konstante ist die Bahngeschwindigkeit der Elementarladung. Die Bahngeschwindigkeit hängt ihrerseits offensichtlich vom Widerstandsmoment R_M, welches von keiner weiteren Größe als der

Bewegung abzuhängen scheint, ab.

Mathematisch ist sie zweifelsfrei ein Maximum, dessen Überschreiten einen Sprung auf eine andere mathematische Achse nach sich zieht (Siehe Buch Mathematik ohne Grenzen).

7.1 Überlichtgeschwindigkeit

Seit der Veröffentlichung der Relativitätstheorie reißt die Diskussion zum Thema nicht ab. Eine absolute Antwort kann auch ich hier nicht geben. Anhand der hier aufgezeigten Beispiele, ist die Behauptung "die Lichtgeschwindigkeit (300.000 Km/s) kann unmöglich überschritten werden" jedoch nicht länger haltbar. Sie ist weder physikalisch noch mathematisch zwingend. Zudem ist die Veränderung des Winkels γ jedenfalls mathematisch in beide Richtungen (+ und -) möglich. Es wäre ein physikalisches Novum, wenn dies hier nicht möglich wäre. Zumindest für die EMW wage ich die Behauptung, dass die Ausbreitungsgeschwindigkeit erheblich überschritten werden kann.

Wegen der festen Beziehungen innerhalb des Energiegefüges der EMW, sollten Wellen die im Vakuum eine andere Ausbreitungsgeschwindigkeit als 300.000 km/s aufweisen, anders bezeichnet werden, z. B. Infra-EMWen und Ultra-EMWen, da sich bei solchen Wellen die Energiewerte erheblich unterscheiden.

Im Kapitel 6 haben wir die Möglichkeit solcher Wellen bereits angesprochen. Ungeachtet eines experimentalen Nachweises müssen wir offen für die Möglichkeit solcher Wellen sein. So ist zum Beispiel die Rede von dunkler Energie und dunkler Masse. Obwohl noch nicht nachgewiesen, verdichten sich die Indizien ihrer Existenz. Diese Wellen könnten sich genau wie normale EMWen verhalten und zu Masse verdichten. Diese Art von Wellen könnten in die Kategorie Infra-EMWen fallen. Auch für die andere Seite die Ultra-EMWen gibt es Anzeichen. Es gibt Berichte über energiereiche Teilchen die schneller als Lichtgeschwindigkeit seien. Nun ja - harren wir der Dinge die da kommen werden.

Da uns kein schnelleres Wahrnehmungsmedium als Licht (EMWen) zur Verfügung steht, ist es uns nicht möglich Objekte (Bewegungen) wahrzunehmen, die eine höhere Geschwindigkeit als die Lichtgeschwindigkeit aufweisen. Die Tatsache allein, dass uns derzeit keine Wahrnehmungsmöglichkeiten für höhere Geschwindigkeiten zur Verfügung stehen, ist jedoch kein gültiger Beweis dafür, dass es sie nicht gibt oder geben kann.

8 Manipulierbarkeit von EMWen

Die EMW, so wie sie hier beschrieben und berechnet wurde, ist die frei schwingende Welle, deren Verhalten sich aus den Energieverhältnissen und der -struktur erklären lassen. Bereits in Kapitel 3 wurde erwähnt, dass eine erzwungene Schwingung die Ursache der Phasenverschiebung des Winkels γ ist.

EMWen, die von angeregten Elektronen ausgestoßen oder beim radioaktiven Zerfall von Kernteilchen frei werden, besitzen - per Beobachtung der unterschiedlichsten Experimente - nur eine einzige Elementarladung (e). Ihr Energieinhalt wird durch die Frequenz und diese eine Elementarladung bestimmt. (*Anmerkung:* Der Wert von h wird durch die Konstante von e bestimmt. D.h. mit e bzw. $I \cdot t$ verändert sich der Wert.)

Der Grund, aus dem die EMW beim Eintritt in ein optisch dichteres Material die Ausbreitungsgeschwindigkeit verringert, lieg vermutlich in der Tatsache begründet, dass sie keine andere Möglichkeit hat, den höheren Energiebedarf zu decken, als die Energie aus dem Ausbreitungsimpuls zu nehmen. Gäbe man einer freien EMW, beim Eintritt in ein optisch dichteres Material, die Möglichkeit die fehlende Energie anderwärtig zu erhalten, würde sie wahrscheinlich keine Änderung der Ausbreitungsgeschwindigkeit vornehmen, da sie bestrebt ist, auch das 45°-Verhältnis (Idealzustand) aufrecht zu erhalten. Würde nun eine solchen EMW das dichtere Material verlassen, ohne die überschüssige Energie wieder abzugeben, wäre – ein Aufrechterhalten der Frequenz vorausgesetzt - das Resultat eine erzwungene EMW mit einer höheren Energie. Was wäre das Ergebnis? - Genau! Eine dunkle Energie. Da, gemäß $m = E/c^2$, bei unverändertem c die Masse sich mit E vergrößert, würden solche EMW auch in schweren Massen resultieren. Somit hätten wir dunkle Massen. Nach einer Supernova herrschen Verhältnisse (freie elektrische Ladungen, verdichtete Gase starke Magnetfelder usw.), die durchaus in einer Energieanreicherung von Gammastrahlung resultieren könnten, Die sich dann zu dunkler Masse verdichten könnte.

9 Ausblick

Das Thema EMW ist, wie wir gesehen haben doch erheblich vielschichtiger, als man auf den erster Blick annehmen mag. Das liegt aber in erster Linie daran, dass sie nun mal ***der Baustein*** der Materie ist. Ungeachtet dessen ist sie nichts weiter als ein "elektrischer Schwingkreis" und kann auf dieser Basis behandelt werden. Die einfache Annahme dieser Tatsache hat die Tür zur vollständigen Erarbeitung der grundlegenden Thematik geführt.

Viele Fragen konnten beantwortet werden, aber es bleiben dennoch einige übrig. Das Thema EMW ist längst über den Bereich der Optik oder der Elektrotechnik hinausgewachsen. Auch wird das Thema nicht so theoretisch bleiben, wie es sich hier noch darstellen mag. Insbesondere die hier aufgezeigten Möglichkeiten der Manipulation, sowohl in Richtung der Ausbreitungsgeschwindigkeit, als auch der Energieanreicherung, bieten ein weites Feld technischer Möglichkeiten für die Zukunft.

Vor allem aber werden die Forscher in der Kern- und Astrophysik von diesem Wissen profitieren und sich verstärkt der Thematik EMW widmen. Das Thema EMW hält sicher noch einige interessante Überraschungen bereit. Ins Besondere die hier nur kurz angerissenen Themen Infra-EMW, Ultra-EMW und dunkle Energie/ Masse haben bisher noch nicht wirklich Einzug in den Bereich der Experimentalphysik gefunden.

In dem Buch "Die Theorie der „Komplexen Koexistenz der Erscheinungsformen" habe ich die Behauptung erstellt, dass die EMW im Grunde nur ein elektrischer Schwingkreis ist, ohne den mathematischen Nachweis zu erbringen. Ich wolle nur eine Ausarbeitung zu dem Thema machen, um die Lücke zu schließen. Doch dann entdeckte ich, dass es bei der EMW noch Dinge gab, die nicht oder nur unzureichend geklärt waren, und die ich mit den Wissen der Theorie der Komplexen Koexistenz angehen konnte. So ist dieses Buch, als erste konsequente Anwendung der Theorie der Komplexen Koexistenz auf ein Spezialgebiet geworden.

Anhang:

A1 Die Theorie der Komplexen Koexistenz

Die Theorie ist in dem Buch mit dem Titel "Die Theorie der Komplexen Koexistenz der Erscheinungsformen" vollständig abgehandelt und wissenschaftlich abgeleitet. Hier nur eine kurze Zusammenfassung der Grundsätzlichen Theorie, so wie sie zum Verstehen dieses Buches erforderlich ist.

Die Theorie besagt, dass Gleichgewichtszustände, wie sie zur Aufrechterhaltung von Energie (in fließender Form) und Impulsen erforderlich sind, durch 90°-Beziehungen (mathematisch komplex) sichergestellt werden. Und dass Energie- und Impulserhaltung diese erzwingen. Kräfte entstehen, wenn Energie am freien fließen gehindert werden und sind daher als Energievektoren zu betrachten. Sprunghafte Übergänge von z.B magnetische zu elektrisch (beim Zusammenbrechen eines Magnetfeldes) oder von Energie zu Materie entsprechen mathematisch dem Übergang von der Realachse zur Imaginärachse und/oder umgekehrt. Die mathematischen Bedingungen hierzu sind in dem Buch "Mathematik ohne Grenzen" siehe A2 enthalten. Die Übergänge lassen sich aber auch mit dem Mitteln der höheren Mathematik berechnen.

Die Kernaussage hierzu ist, dass die Energie vorrangig in festen 90°-Beziehungen auftritt. Z.B. sind Elektrizität und Magnetismus nicht zu trennen, und sie treten immer 90° zueinander auf. Der Energieinhalt ist daher immer die Summe der realen und imaginären Energieanteile. Auch der Übergang zu höheren Dimensionen und damit der Aufbau von Energie (EMW) zur Masse, erfolgt ausschließlich über komplexe und doppelt komplexe Verbindungen.

Das Energieerhaltungsgesetz schreibt die mathematische Bedingung E = 1 vor (0,999........9 oder 1,000......1 ist bereits ein Verstoß gegen das Energieerhaltungsgesetz). Der Energieinhalt darf sich nicht verändern, er beträgt 1 oder ein Vielfaches von 1 (Summe aller Realanteile + Summe aller Imaginäranteile ergeben $z = r \cdot 1$). Ist diese Bedingung nicht erfüllt, so fließt Energie ab oder zu. Die bekannte (üblicherweise in der Mathematik verwendete) Gleichgewichtsbedingung $\Sigma E = 0$ ist zwar korrekt, führt aber bei komplexen Verbindungen unweigerlich in die Sackgasse, wenn die erforderliche mathematische Transformation ausbleibt.

Das Buch beschreibt, wann und warum diese Bedingung erfüllt ist. Und wie das komplexe Zusammenspiel der Energien, in ihren verschiedenen Erscheinungsformen schließlich zum Aufbau der Materie aus Energie führen. Das Verhalten der EMW beruht vollständig auf den Gesetzmäßigkeiten der Theorie der Komplexen Koexistenz. Daher erleichtert ein Verstehen dieser Theorie (ihrer Gesetzmäßigkeiten) das Verstehen der EMW.

A2 Definitionen von 0 und ∞ (Buch Mathematik ohne Grenzen)

Das Buch befasst sich mit den Grenzbereichen der Mathematik - mit den Bereichen von null und unendlich. Die Möglichkeiten von Verknüpfungen mathematischer Systeme werden erörtert und die Eigenschaften von Verknüpfungsgliedern und ihre Positionen werden klar definiert. Sprunghafte Veränderungen in der Natur, wie sie mit den Mitteln der höheren Mathematik bislang nur unzureichend mathematisch erfasst werden konnten, können nun genau beschrieben und berechnet werden. Die Handhabung von Übergangen zwischen Real- und Imaginärachse ist leichter und weniger komplex als mit Differenzial und Integralrechnung.

Die Forschung bewegt sich heute sehr stark in Grenzbereichen. Daher ist eine Mathematik, die die Phänomene von Grenzüberschreitungen vorhersagbar macht, ein notwendiges Werkzeug. Die hier klaffende Lücke, wurde mit diesem Buch geschlossen.

Im Wesentlichen beschreibt das Buch unter welchen Bedingungen ein Überwechseln von der Realachse zur Imaginärachse und umgekehrt möglich ist (solche Übergänge sind nicht nur an 0 möglich, sondern auch an Unendlich). Es klärt die Frage, wann eine Konstante (Höchstwert oder Mindestwert) einen Sprung auf eine andere Achse (z.B. die Imaginärachse) ermöglicht. Dies sind die mathematischen Grundlagen hinter der Theorie der Komplexen Koexistenz. Die exakte mathematische Vorhersagbarkeit, wie sie die Regeln dieses Buches ermöglichen, erlauben es uns Fragen zu beantworten wie sie z.B. durch die Relativitätstheorie gestellt werden.

Diese mathematischen Regeln sind das mathematische Äquivalent der Gesetzmäßigkeiten der Theorie der Komplexen Koexistenz. Alle Energie-, Kraft- Impuls oder Felderscheinungen und ihre vielschichtigen Interaktionen lassen sich damit erklären und vorhersagen.

Glossar

absorbierendes Teilchen, Licht (Lichtquanten) wird von verschiedenen Materialien absorbiert. die absorbierenden Teilchen sind in der Regel die Elektronen des Materials. Die Wechselbeziehungen zwischen Lichtquant und Elektron sind in der Quantentheorie beschrieben.

Äther, feinstoffliche Substanz, die angeblich den freien Raum (Vakuum) erfüllt. Wurde früher angenommen, da man sich eine medienfreie Ausbreitung einer Welle (Lichtwelle) nicht vorstellen konnte. Inzwischen ist experimentell nachgewiesen, dass es den Äther nicht gibt.

Amplitude/Amplitudenwert, Differenz zwischen dem höchsten und niedrigsten Wert einer Welle oder größter Ausschlag einer Schwingung.

Amplitudenerhöhung, eine Erhöhung des Amplitudenwertes

Anfangsimpuls, Impuls der die EMW startet und ihren Energieinhalt bestimmt.

Ausbreitungsgeschwindigkeit, die Geschwindigkeit mit der sich eine Welle ausbreitet. Bei der EMW unterscheidet man zwischen der Ausbreitungsgeschwindigkeit und der Phasen - bzw. Bahngeschwindigkeit -> Bahngeschwindigkeit

Ausbreitungsimpuls, Impuls- bzw. Energievektor, der die Ausbreitung der EMW verursacht und die Ausbreitungsgeschwindigkeit bestimmt. -> Impuls

Bahngeschwindigkeit auch Phasengeschwindigkeit genannt, während sich die EMW geradlinig in ihrer Ausbreitungsrichtung bewegt, bewegt sich ihre Energie auf einer auseinandergezogenen Kreisbahn, daher liegt die Bahngeschwindigkeit höher als die Ausbreitungsgeschwindigkeit. Die Bahngeschwindigkeit einer freien EMW liegt bei etwa 471 238 km/s. Im Gegensatz zur Ausbreitungsgeschwindigkeit ist die B-Geschwindigkeit unabhängig von der optischen Dichte.

Beugung, eine Eigenschaft von Wellen insbesondere von Lichtwellen, sie wird auf die unterschiedlichen Geschwindigkeiten der Wellenausbreitung in Materialien unterschiedlicher optischer Dichte zurückgeführt. Ein aus dem Wasser ragender gerader Stab erscheint bei einem schrägen Blickwinkel abgeknickt (gebeugt).

Beugungsfaktor, Beugungsquotienten gibt das Verhältnis der Winkel einer Beugung an den Übergängen von Materialien verschiedener optischer Dichte und auch das Verhältnis der Ausbreitungsgeschwindigkeit des Vakuums zur Ausbreitungsgeschwindigkeit im optisch dichteren Material, an $n = c_0/c_1$. -> Beugung

Dimension, im mathem. physikal. Sinne gibt es 3 Dimensionen. 1. eine Gerade, 2. eine Fläche, 3. ein Raum (Beisp. m =1., m2 = 2. und m3 = 3. Dimension). Mathematisch sind auch weitere Dimensionen möglich, physikal. sind jedoch nur 3. bewiesen.

Doppelnatur der EMW / bivalente Natur, in zwei Erscheinungsformen vorkommend. Subatomare Teilchen kommen sowohl als Masse vor, als auch als Welle (Energie).

Drehimpuls / Rotationsimpuls, **1.** Impuls der Rotationsebene, Impuls der Energiepartikel des Schwingkreises -> elektromagnetische Ebene **2.** Impuls der eine Rotation bewirkt. -> Impuls

dunkle Energie, Es wird angenommen, dass es Energie gibt, die sich in ihrem Energiegehalt von normaler Energie unterscheidet und Masse mit einer höheren Gravitation bildet (dunkle Masse). Die Existenz wird aufgrund der Masse- und Energiemengen in Neutronensternen angenommen, da sich die hohe Verdichtung nicht aus den Verhältnissen normaler Energie (Materie) erklären lässt.

dunkle Masse -> dunkle Energie

elektrische Ladung, Überschuss (elektr.-) oder Mangel (elektr.+) an elektr. geladenen Elementarteilchen -> Elementarladung.

elektrischer Schwingkreis, besteht aus einer Spule und einem Kondensator. Die Energie schwingt zwischen Spule und Kondensator hin und her. Der Kondensator wird im Wechsel entladen und in Gegenrichtung wieder aufgeladen.

elektrisches Feld, elektr. geladener Bereich zwischen zwei elektr. Polen mit entgegengesetzter Ladung.

elektromagnetische Ebene, Betrachtet man die EMW von der Energieseite her, so verteilt sich die Energie auf verschiedene Ebenen, die Ebene des "Schwingkreises" (elektrische und magnetische Welle) und die Ausbreitungsrichtung (3, Dimension).

elektromagnetische Welle (EMW), stetige wellenförmige Veränderung des Energiezustands elektr. und magnet. Felder. Die Ausbreitungsgeschwindigkeit ist die Lichtgeschwindigkeit (300 000 km/sek). Elektr. und magnet. Feld stehen senkrecht zur Ausbreitungsrichtung und stehen senkrecht zueinander.
Die Ausbreitungsgeschwindigkeit der EMW ist abhängig vom Material (optische Dichte) und der Frequenz. Unter gleichen Bedingungen ist sie konstant. Die Geschwindigkeit des Energiepartikels der EMW (c_B) hingegen ist material- und frequenzunabhängig und hat den Wert c .p/2 (rund 471 238 km/s).

Elektron, elektr.negativ geladenes Teilchen. Die Hülle des Atoms wird aus Elektronen gebildet. Die Ladung des Elektrons beträgt $1{,}602 \cdot 10^{-19}$ Ws = $6{,}24 \cdot 10^{18}$ eV, seine Masse beträgt $9{,}1 \cdot 10^{-28}$ g

Elementarladung, kleinste in der Natur vorkommende elektr. Ladung ($1{,}602 \cdot 10^{-19}$ Coulomb =$1{,}602 \cdot 10^{-19}$ Ws). Jede elektr. Ladung ist ein ganzzahliges Vielfaches einer Elementarladung. Es gibt positive und negative Elementarladungen.

ELF-Wellen, (extrem low frequency) EMWen mit extrem niedriger Frequenz, im Hz -Bereich.

EMW -> elektromagnetische Welle

Energie, eine messbare Größe, die verschiedene Ursachen haben kann. Sie ist immer ein Vektor, d.h. sie besteht aus mehreren Faktoren z. B aus m (Skalar) und s (Skalar) = m·s. Es ist immer eine Bewegung enthalten - ein Zeitfaktor- auch, wenn es sich um eine potenzielle Energie (nicht fließende Energie) handelt.

Energieerhaltungsgesetz, der Satz von der Erhaltung der Energie, besagt, dass Energie mit physikal. Mitteln weder erzeugt noch zum Verschwinden gebracht werden kann. Energie kann in andere Energieformen (auch in Materie) umgewandelt werden. Das E. gilt als elementarer Grundsatz der Physik.

Energieanreicherung, erhöhen des Energiepotentials über das natürliche Niveau hinaus.

Energiekubus, stellt man die komplexen Energievektoren einer EMW in allen 3 Dimensionen dar, so erhält man die Form eines Würfels (Kubus). Bei einer freien Schwingung im Vakuum haben alle Diagonalen den Wert 1. Das gibt optimale Stabilität. Die EMW ist bestrebt diesen Idealzustand zu erhalten oder zu erreichen.

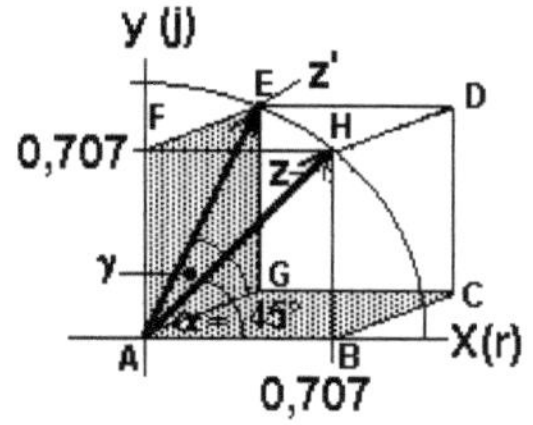

$\overline{AB}=\overline{BC}$

$\overline{AH}=Z$

$\overline{AE}=Z'$

$\gamma = \measuredangle\ \overline{AG}\ \overline{AE}$

$\overline{AB}=\overline{AE}=x=\frac{\lambda}{4}$

$z=\sqrt{x^2+y^2}$; $z'^2=\sqrt{(x^2)^2+(y^2)^2}$

$\longrightarrow z'=z=1$

Energiepartikel, es wird angenommen, dass Energie aus massefreien Partikeln bestehen.

***Erreger*, 1**. die EMW wird durch einen Erreger erzeugt (durch einen Impuls, Schwingkreis oder EMW) und pflanzt sich dann selbstständig fort. **2**. erzeugt ein magnetisches Feld in einer Spule.

Erregerzeit, die Zeit die zum Aufbauen einer EMW oder eines Magnetfelds erforderlich ist.

Experimentalphysik, sie sucht in erster Linie auf experimentellem Wege nach neuen Erkenntnissen. (gegs. theoretische Physik)

Feldlinien, (elektrisch und magnetisch), Kraftlinien, die sich zwischen den Polen von Magneten oder elektr. Polen ausbilden. Ihre Anziehungs- oder Abstoßungskraft verringert sich mit dem Abstand in progressiver Weise.

Frequenz, Anzahl von Schwingungen in einer Sekunde, wird in Hz angegeben.

Gammastrahlung, energiereiche Strahlung, EMWen von 10^{20} bis 10^{21}. Entstehen beim radioaktiven -Zerfall.

Gravitation/Gravitationsfeld, die Gravitation oder Schwerkraft ist eine Eigenschaft der Masse. In der Umgebung einer Masse wirkt die Gravitation durch ein Kraftfeld, welches andere Massen anzieht. Die Gravitation ist eine zum Zentrum gerichtete Kraft.

Imaginärachse, Die Gaußsche Zahlenebene besteht aus der Zahlengeraden (Realachse) und einer weiteren Zahlengeraden, welche 90° zur Realachse angebracht ist; diese wird als Imaginärachse bezeichnet. Die Achsen schneiden sich bei "0". -> Komplexe Rechnung.

Impuls, das Produkt aus Kraft mal Zeit (F.t)

Impulserhaltungsgesetz, besagt, dass der Impuls erhalten bleibt, wenn keine äußere Kraft auf ein System wirkt.

Induktion/Induktionsgesetz, Bewegt man einen Leiter in einem Magnetfeld, so dass Feldlinien geschnitten werden, so entsteht eine elektrische Spannung. Die Richtung des dazugehörigen elektr. Stroms ist 90° zur Bewegungsrichtung.

induktive Übertragung, Übertragung mittels Induktion z.B. Transformator)

induktiver Widerstand. durch die Induktion verursachter elektrischer Widerstand.

Infra-EMW / Sub-EMW, eine theoretische Annahme, eine EMW deren Ausbreitungsgeschwindigkeit unter der normalen Lichtgeschwindigkeit liegt.

Interaktionen, Aktion zwischen zwei Systemen oder Kräften.

Kapazität, Fassungsvermögen eines Kondensators

Kernteilchen, Elementarteilchen, die den Atomkern bilden.

kinetische Energie, Energie der Bewegung oder in Bewegung gegs. potentielle Energie = Energie die nicht in Bewegung ist.

komplexe Konstellation, eine Konstellation von Kräften die ausschließlich 90° und 180° (2 mal 90°) zueinander angeordnet sind.

komplexe Kräfte, Kräfte die aus einem realen und einem imaginären Anteil bestehen.

komplexe Rechnungen, basiert auf der Gaußschen Zahlenebene. Sie besteht aus der Zahlengeraden (Realachse) und einer weiteren Zahlengeraden, welche 90° zur Realachse angebracht ist; diese wird als Imaginärachse bezeichnet. Die Achsen schneiden sich bei "0". Eine Zahl liegt entweder auf der Realachse (x) oder auf der Imaginärachse (y) oder im Bereich dazwischen.

Jede Zahl wird durch eine x und eine y Komponente bestimmt. Eine Imaginärzahl wird mit i (oder j) gekennzeichnet (z.B.y = i2). Die Sprungbedingung zur Imaginärachse ist $\sqrt{-1}$.

komplexe Verbindung, Verbindungen von Kraft oder Energievektoren im 90°-Verhältnis.

Kondensator, elektrisches Bauelement mit der Fähigkeit elektrische Ladung zu speichern, bildet zusammen mit einer Spule (Induktivität) einen Schwingkreis. Bewirkt eine Phasenverschiebung zwischen Strom und Spannung von 90°

Kondensatorladung (Q), elektrische Ladung eines Kondensators.

Konstellation, die Art und Weise wie Systeme oder Dinge angeordnet sind.

Kraft, aufgestaute oder potenzielle Energie, die eine Wirkung verursachen kann. Kräfte treten nicht in Erscheinung, solange Energie ungestört fließen kann.

Licht, sichtbares, EMWen von 10^{14} bis 10^{15} Hz

Lichtgeschwindigkeit, Ausbreitungsgeschwindigkeit der EMW, sie ist Materialabhängig, im Vakuum beträgt sie etwa 300.000 km/s

Lichtquant, jeder Lichtstrahl (EMW) besteht aus einem Energie- oder Strahlungsquant, dessen Wert ist eine Konstante ($h=6{,}6525 \cdot 10^{-34}$ $Ws^2 = 4{,}13 \cdot 10^{-15}$ eVs).

Magnetfeld, zwischen den Polen eines Magneten (Nord- und Südpol) bestehendes Kraftfeld. Die Kraft nimmt mit dem Quadrat der Entfernung ab.

Masse, Menge des Stoffinhalts beliebiger Materialien, Gewischt. Wird in kg gemessen, Verdichtete Energie. Man unterscheidet zwischen träger und schwerer Masse. Die schwere Masse hat ihr Gewicht ausschließlich von ihrem Materialinhalt. Die träge Masse hat ihr Gewicht von der Bewegung; es ist eine Manifestation des Widerstandes, den eine Masse dem Bewegungsimpuls entgegensetzt.

massefreie Trägheit -> Trägheit

schwere Masse -> Masse

träge Masse -> Masse

Masseäquivalent, zur Masse äquivalente Trägheit, die nicht auf Masse beruht, aber das Verhalten einer trägen Masse zeigt -> Masse -> Trägheit.

Medium, ein Mittler, ein Stoff der eine etwas übermitteln, übertragen oder weiterleiten kann. Z.B. Luft dient als Medium zur Übertragung von Schallwellen.

modulieren, Rundfunktechnik, Überlagern einer Hochfrequenz mit einer Niederfrequenz (z.B. Sprache, Musik usw.)

mutierte Welle, durch den optischen Widerstand veränderte Welle.

optische Dichte, optische Eigenschaft von lichtdurchlässigen Materialien. Sie bestimmt die Höhe der Ausbreitungsgeschwindigkeit von Licht innerhalb des Materials. Die L-Geschwindigkeit liegt z.T. erheblich unterhalb der L-Geschwindigkeit des Vakuums. -> Beugung

optischer Widerstand -> optische Dichte

Potenzial, zwischen unterschiedlichen Mengen von etwas bilden sich Potenziale aus, die sich auszugleichen versuchen, wodurch sich Kräfte ausbilden. Z.B. elektr. Potenzial, Druckpotenziale usw....

Phasenverschiebung, **1**. Verschiebung des Energieflusses zwischen elektromagnetischer Ebene und Ausbreitungs- Dimension. **2**. Verschiebung zwischen Strom und Spannung (verursacht durch kapazitive oder induktive Widerstände).

Quantentheorie, Eine Theorie, die besagt das EMWen nur als sogenannte Quanten entstehen - der Energieinhalt wird durch eine Konstante (h) und die Frequenz bestimmt. Die Wechselbeziehungen zwischen Lichtquant und Elektron sind in dieser Theorie beschrieben.

Realachse, Die Gaußsche Zahlenebene besteht aus der Zahlengeraden (Realachse) und einer weiteren Zahlengeraden, welche 90° zur Realachse angebracht ist; diese wird als Imaginärachse bezeichnet. Die Achsen schneiden sich bei "0". -> Komplexe Rechnung.

Relativitätstheorie, sie besagt, dass die Lichtgeschwindigkeit eine Konstante ist, und deshalb Ereignisse die Zeitgleich erscheinen, nicht zeitgleich sein müssen (wirkt sich nur bei extrem hohen Geschwindigkeiten und/oder großen Entfernungen aus). Auf ihr beruht die Erkenntnis, dass Masse und Energie äquivalent sind ($E=mc^2$).

Resonanz, bedeutet eigentlich mitschwingen, Jedes System hat die Eigenschaft nach einer Anregung in einer für es typischen Frequenz zu Schwingen (Eigenfrequenz). Bei dieser einen Frequenz sind alle inneren Energie- und Kraftvektoren im Gleichgewicht und die Schwingung ist daher verlustfrei.

Resonanzbedingungen, Bedingungen unter denen Resonanz entstehen kann, -> Resonanz

Resonanzfrequenz -> Resonanz

R_M = Widerstandsmoment massefreies Trägheitsmoment, ist der Widerstand den eine Elementarladung $e=1{,}602 \cdot 10^{-19}$ Ws einem angreifenden Bewegungsimpuls entgegenstellt, ($1{,}491673 \cdot 10^{-51}$ kg/Hz). -> Masseäquivalent

Es ist die Arbeit die verrichtet werden muss, um den Energiepartikel mit der Elementarladung e bei der Frequenz f = 1 auf die Geschwindigkeit c.p/2 zu beschleunigen. Die Elementarladung selbst hat weder Masse noch Trägheit.

Schwingkreis, elektrischer Stromkreis, der ein hin und her schwingen des Stromes bewirkt, er besteht aus einer Kapazität und einer Induktivität.

Schwingung, erzwungene, **1.** eine Schwingung deren Erregerfrequenz nicht der Eigenfrequenz entspricht. **2.** bei einer EMW, eine Welle die nicht durch die Eigenfrequenz entstanden ist, sondern durch eine vorgegebene Frequenz erzwungen wird. Nach der Erregung geht die EMW in Resonanz zu dieser Erregerfrequenz, wobei eine Phasenverschiebung des Winkels γ entsteht.

Schwingung, freie, eine Schwingung, die der Eigenschwingung des Systems entspricht. Gegs. erzwungene Schwingung -> erzwungene Schwingung

Sperrkreis, elektrischer Schwingkreis, der aus einer Parallelschaltung von Kondensator und Spule entsteht. Er hat die Eigenschaft bei Resonanz den Strom zu sperren.

Sub-EMW ->Infra-EMW

Supernova, ein Stern der explodiert (ist)

subatomarer Bereich, der gesamte Bereich der kleiner als ein Atom ist, der Bereich der Atom oder Nuklearphysik.

Theorie der Komplexe Koexistenz der Erscheinungs- formen - kurz Komplexe Koexistenz, erklärt das komplexe Zusammenspiel von Energien, Impulsen und Kräften, welches zum Aufbau der Materie aus Energie führt.

Trägheit. ein Widerstand gegen eine Veränderung. Jede Masse setzt einer versuchten Bewegung einen Widerstand entgegen.

Trägheit, massefreien, Eine Trägheit gegen eine Bewegung, ohne das eine Masse vorhanden ist. Eine massefreie Elementarladung widersetzt sich einer Bewegung.-> Trägheit -> Masseäquivalent.

Ultra-EMW, eine theoretische Annahme, eine EMW deren Ausbreitungsgeschwindigkeit oberhalb der normalen Lichtgeschwindigkeit liegt.

Translationsbewegung, geradlinige Bewegung

Transversalwelle, Welle die quer zur Ausbreitungsrichtung schwingt.

Vakuum, materiefreier Raum, Leere

Vakuum, ladungsfreies, ein Bereich des Vakuums, welcher keine elektrische Ladung enthält.

Verknüpfungsglied, math. Verschiedene math. Systeme oder Achsen (z.B. Real- und Imaginärachse) können miteinander verknüpft werden, dies ist an null und unendlich möglich, damit werden null und unendlich zu Verknüpfungsglieder.

virtuell, nicht wirklich vorhanden, aber die Eigenschaften besitzend

virtueller Kondensator, die Ladung einer EMW verhält sich so als wenn ein Kondensator vorhanden wäre. zur Berechnung der Energieverhältnisse der EMW wird ein solcher Kondensator angenommen.-> virtuell

virtuelle Spule, die fließende Ladung einer EMW kann mit einem fließenden Strom in einem Leiter oder einer Einwindungs-Spule gleichgesetzt werden. Zur Berechnung der Energieverhältnisse der EMW wird ein solche Spule angenommen. -> virtuell

Vektor, 1. math. gerichtete Größe, die durch Betrag und Richtung bestimmt ist. **2**. phys. Größe, die nur durch Betrag und Richtung genau bestimmt ist, im Gegensatz zum Skalar, welcher bereits durch eine Angabe definiert ist.

Wellen, stetige wellenförmige Veränderung des Energiezustands.

Wellenlänge, Der Abstand zwischen zwei Wellenbergen oder Wellentälern gibt die Länge der Welle an, es ist eine volle hin und her -Schwingung.

Winkel γ gibt die Verdrehung der Schwingungsebene zur Ausbreitungsrichtung an, gibt das Verhältnis von Amplitudenmaximum zu $\lambda/4$ an.

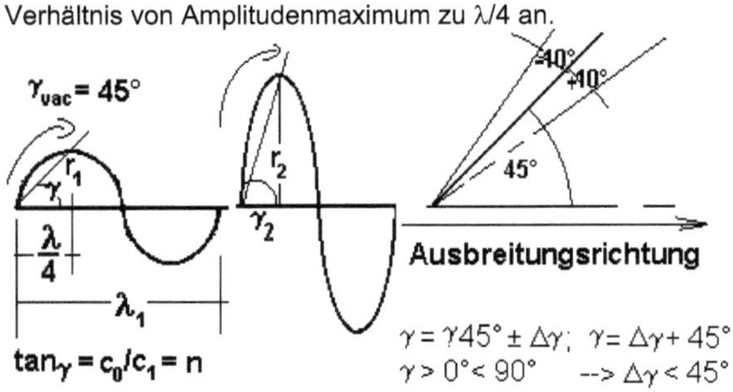

Wichtige Konstanten

c_0 = 300 000km/s	c_B = 471 238 km/s
e=1,602.10-19 As)	R_M = 1,491673.10-51 kg/Hz
h = 6,625.10-34	f_{min} = 0,159155 Hz

Stichwortverzeichnis:

Die Zahl hinter dem Stichwort gibt an, wo der Begriff das erste mal Verwendung findet.

Literaturnachweis /Quellenangabe

Theorie der Komplexen Koexistenz ISBN 978-1-84672-054-3

Mathematik ohne Grenzen ISBN 978-1-84672-053-6)

Physik für techn. Berufe   Verlag Handwerk und Technik

Formelsammlung Netz Hanser Verlag ISBN 3-446-13473-5